南渡江淡水及
河口鱼类

Nandu Jiang Danshui ji
Hekou Yulei Tujian

图鉴

申志新／主编

中国农业出版社
北　京

BIANZHE MINGDAN

编 者 名 单

主　　编　申志新
副 主 编　李高俊　蔡杏伟　李芳远
编　　委　（按姓氏笔画排序）
　　　　　王　吉　王　安　王裕旭　邢迎春　李　帆
　　　　　李　勇　陈　骁　陈棣凯　谷　圆　张清风
　　　　　余梵冬　吴恒刚　吴善宇　赵光军　周卓诚
　　　　　顾党恩　黄俊豪　董　杨

编写单位：海南省海洋与渔业科学院
资助项目：国家自然科学青年基金项目（32303007）；海南省科技项目资助（ZDYF2023SHFZ123、ZDYF2024SHFZ069）；海南"两江一河"动态监测和琼东、琼南主要河流渔业资源本底调查；海南"两江一河"水生生物资源动态监测和琼西、琼北主要河流渔业资源本底调查

前言 FOREWORD

南渡江是海南岛第一大河流，全长352.55 km，流域面积7 066 km²，发源于昌江黎族自治县王下乡霸王岭，干流斜贯海南岛中北部，流经昌江、白沙、琼中、儋州、屯昌、澄迈、定安、海口，在海口市美兰区的三联村汇入琼州海峡，支流自横沟河、海甸溪流入琼州海峡。

南渡江干流在松涛水库大坝以上为上游，从松涛坝址至九龙滩为中游，九龙滩以下为下游。龙塘水坝至入海口河段为感潮段。南渡江流域支流、水库众多，一级支流主要有龙州河、大塘河、腰子河、巡崖河等；松涛水库是海南最大的水库，面积130多km²。

南渡江的鱼类资源丰富、多样性较高，但多年来没有开展过系统的鱼类资源调查，鱼类物种和分布本底不明。在南渡江及海南淡水河流鱼类的保护、渔业资源养护和水生态环境保护修复工作中缺乏这方面的科学数据。

从2017年开始，海南省海洋与渔业科学院淡水渔业研究所（海南淡水生物

资源及生态环境保护研究中心）着力于海南岛淡水鱼类的保护工作，开展了系统性的本底调查以及渔业资源环境监测、鱼类栖息地保护与修复研究，采集了大量的鱼类样本，积累了丰富的数据资料，取得了一系列的研究成果。同时搭建了海南淡水及河口鱼类资源环境及水生生物多样性观监测平台，初步构建了"五库合一"（标本、组织样本、遗传基因、活体保存、数据信息）的海南淡水及河口鱼类种质资源库。截至目前共调查到海南淡水及河口鱼类77科377种，在南渡江分布有71科289种，约占全岛淡水及河口鱼类的77%，其中土著淡水鱼类有95种（特有鱼类14种），外来鱼类32种。

　　本书收录了南渡江淡水及河口鱼类280种，其中淡水鱼类123种，河口咸淡水鱼类157种；部分曾被记录但已多年未被采集到的鱼类于本次一并收录，以供读者查阅。此外，在野外还采集到一些不能构成独立物种的人工杂交、改良种类及存疑物种，以附录的方式呈现，供读者识别参考。

本书以2021年出版的《中国生物多样性红色名录：脊椎动物　第五卷　淡水鱼类》（张鹗等）和2023年出版的《国家重点保护野生动物图鉴》（中国野生动物保护协会）为依据对鱼类濒危状况进行分类。

本书的出版得到了农业农村部长江流域渔政监督管理办公室、海南省农业农村厅、海南省科学技术厅的项目支持，也得到了中国科学院水生生物研究所、中国水产科学研究院资源与环境研究中心、中国水产科学研究院珠江水产研究所、上海自然博物馆、海南大学、热带雨林国家公园、青海大学等相关院所研究团队专家的指导和帮助。一些岛内淡水原生鱼类爱好者为我们提供了部分珍贵的鱼类标本和相关信息。

在本书编写过程中，申志新、蔡杏伟、李高俊等人花费了多年的精力，采集了大量的标本，做了认真细致的文字编辑和考证工作。邢迎春、李帆、周卓诚、黄俊豪、陈骁、王裕旭、吴恒刚、吴善宇等人进行了书稿的校审和修改。

　　本书所用图片如未注明拍摄者，则由主编申志新拍摄。

　　希望本书的出版对南渡江和海南淡水及河口鱼类的保护和渔业资源养护有所帮助。由于编者水平有限，加之鱼类分类学的不断更新，书中难免出现一些错漏，还请读者和学术界同仁们给予谅解和指正。

2024 年 9 月于海口

目录 CONTENTS

目

录

CONTENTS

目 录 CONTENTS

Choondrichthyes
软骨鱼纲

1. 赤魟

Hemitrygon akajei (Müller & Henle，1841)

魟科 Dasyatidae

英文名：whip stingray。

曾用名/别名/俗称：夯鱼。

主要特征：体盘近圆形，前缘斜直。吻端较短。口小，横裂，波曲状，口底有3个
乳突，外侧各有1个细小乳突。尾细长如鞭，在尾刺后方的背侧面具一
低的皮褶，而腹侧面则有比较明显延长的皮褶。体赤褐色，边缘浅淡，
腹面近边缘区橙黄色，中央区淡黄色。

生活习性：海洋底层洄游性鱼类，可进入河口水域；以小鱼和甲壳动物为食。

分布情况：南渡江河口咸淡水水域。

濒危状况：近危鱼类。

Osteichthyes

硬骨鱼纲

2. 海鲢

Elops machnata (Forsskål，1775)

海鲢科 Eopiformes

英文名：river skipjack。

主要特征：背鳍20～23；臀鳍14～16；胸鳍18。体延长而侧扁。口大；上颌向后延伸超过眼睛。体被小而薄的圆鳞，腹部无棱鳞，背鳍、臀鳍基底有鳞鞘；胸鳍及腹鳍基部具腋鳞。背鳍起始于腹鳍基后，最末端鳍条不延长；臀鳍位于体后部。体具银白色光泽，背部较暗。各鳍偏黑。

生活习性：海洋鱼类，幼鱼常出现于近岸内湾、河口等半咸淡水水域；主要摄食小鱼、小虾等。

分布情况：南渡江河口咸淡水水域。

3. 大海鲢

Megalops cyprinoides (Broussonet，1782)

大海鲢科 Megalopidae

英文名：oxeye tarpon。

主要特征：背鳍18～19；臀鳍25～27；胸鳍15。体延长而侧扁，体稍高。体被大而薄的圆鳞，腹部无棱鳞；侧线完全。背鳍在体背中央，最后一枚鳍条延长为丝状。体背部青灰色，腹部银白色，吻端青灰色，各鳍淡黄色，背鳍与尾鳍边缘较暗。

生活习性：栖息于近海沿岸，可进入淡水水域；主要以小鱼、小虾等为食。

分布情况：南渡江河口咸淡水水域。

4. 遮目鱼

Chanos chanos (Forsskål，1775)

遮目鱼科 Chanidae

英文名：salmon herring。

曾用名/别名/俗称：虱目鱼。

主要特征：背鳍14；臀鳍11；胸鳍15。体延长，稍侧扁，截面呈卵圆形。眼大，脂眼睑非常发达。上颌中间部位具一凹刻，下颌中央则具突起。体被细小圆鳞，不易脱落；侧线发达，几近平直。体背部呈青绿色，体侧下方和腹部则为银白色。

生活习性：能适应河口不同盐度的栖息环境；杂食性鱼类。

分布情况：南渡江河口咸淡水水域。

5. 花鰶

Clupanodon thrissa (Linnaeus，1758)

鲱科 Clupeidae

英文名：gizzard shad。

曾用名/别名/俗称：钝齿鰶、薄鳞。

主要特征：背鳍14～15；臀鳍23～26；腹鳍8。体呈长卵圆形，侧扁，腹缘具锯齿状的棱鳞。眼侧位，脂眼睑发达。体被较小圆鳞，不易脱落，胸鳍和腹鳍基部具腋鳞。背鳍末端软条延长如丝。体背部绿褐色，体侧下方和腹部银白色；鳃盖后上方之体侧具多个大型暗色圆斑。

生活习性：海洋中上层洄游性鱼类，会进入河口水域；群游性；以浮游生物为食。

分布情况：南渡江灵山至河口咸淡水水域。

6. 斑鰶

Konosirus punctatus (Temminck & Schlegel，1846)

鲱科 Clupeidae

英文名：spotted sardine。

曾用名/别名/俗称：薄鳞。

主要特征：背鳍15～17；臀鳍21～24；胸鳍16。体呈长卵圆形，侧扁，腹缘具锯齿状的棱鳞。眼侧位，脂眼睑发达。体被较小圆鳞，不易脱落；胸鳍和腹鳍基部具腋鳞。背鳍末端软条延长如丝。体背部绿褐色，体侧下方和腹部银白色；鳃盖后上方具一大黑斑。背鳍、胸鳍、尾鳍淡黄色；余鳍淡色。

生活习性：海洋中上层洄游性鱼类，会进入河口水域；群游性；以浮游生物为食。

分布情况：南渡江灵山至河口咸淡水水域。

7. 圆吻海鰶

Nematalosa nasus (Bloch，1795)

英文名：gizzard shad。

主要特征：背鳍15～16；臀鳍20～24；胸鳍16～17。体呈长卵圆形，侧扁，腹缘具锯齿状的棱鳞。眼侧位，脂眼睑发达。体被椭圆形圆鳞，鳞片后缘锯齿状。背鳍末端软条延长如丝。体背部绿褐色，体侧下方和腹部银白色；鳃盖后上方具一大黑斑，其后有数列黑色小点状纵带。

生活习性：近岸沿海洄游性鱼类，有时会进入河口水域；主要以硅藻、桡足类及其他小型无脊椎动物为食。

分布情况：南渡江河口咸淡水水域。

8. 日本海鰶

Nematalosa japonica Regan，1917

鲱科 Clupeidae

英文名：Japanese gizzard shad。

主要特征：背鳍16～17；臀鳍21～23；胸鳍16～18。体呈长卵圆形，侧扁，腹缘具锯齿状的棱鳞。吻、眼侧位，脂眼睑发达。体被椭圆形圆鳞，鳞片后缘锯齿状。背鳍末端软条延长如丝。体背部绿褐色，体侧下方和腹部银白色；鳃盖后上方具一大黑斑，其后有数列黑色小点状纵带。

生活习性：海洋中下层洄游性鱼类，有时会进入河口水域；群游性；以浮游生物为食。

分布情况：南渡江河口咸淡水水域。

9. 花点鲥

Hilsa kelee (Cuvier，1829)

鲱科 Clupeidae

英文名：five-spot herring。

主要特征：背鳍16 ~ 17；臀鳍20 ~ 21；腹鳍8。体呈长卵圆形，侧扁；腹部有棱鳞。脂眼睑发达。体被圆鳞，后缘具细孔；背鳍和臀鳍基部之鳞鞘低；腹鳍基部具腋鳞；尾鳍具细鳞。体背部青绿色，体侧下方和腹部银白色；体侧具4 ~ 7个暗色斑。

生活习性：海洋中上层洄游性鱼类，有时会进入内湾或潟湖、河口水域；群游性；以浮游动物为食。

分布情况：南渡江河口咸淡水水域。

鲱形目 Clupeiformes

10. 鳓

Ilisha elongata (Bennett，1830)

锯腹鳓科 Pristigasteridae

鲱形目 Clupeiformes

英文名：slender shad。

主要特征：背鳍17；臀鳍48～50；胸鳍18。体长而宽，甚侧扁。腹缘有完整棱鳞。体被圆鳞，鳞中大，易脱落，无侧线。体背灰色，体侧银白色；头背、吻端、背鳍及尾鳍淡黄绿色，背鳍和尾鳍边缘灰黑色；余鳍色淡。

生活习性：近海中上层洄游鱼类，有时可进入河口水域，甚至低盐度的水域；幼鱼以浮游动物为食，成鱼则捕食虾类、头足类、多毛类或小型鱼类等。

分布情况：南渡江河口咸淡水水域。

11. 中颌棱鳀

Thryssa mystax (Bloch & Schneider，1801)

鳀科 Engraulidae

英文名：moustached thryssa。

主要特征：背鳍Ⅰ-14～15；臀鳍40～41；胸鳍13。体薄，前半部稍厚，有锐利
棱鳞。体被圆鳞，无侧线。体背部青绿色，腹侧银白色，吻部浅黄色，
鳃盖骨后方有1个青黄色大斑。

生活习性：暖水性近岸河口表层小型鱼类；滤食性。

分布情况：南渡江河口咸淡水水域。

12. 汉氏棱鳀

Thryssa hamiltonii Gray，1835

鳀科 Engraulidae

鲱形目 Clupeiformes

英文名：hamilton's thryssa。

主要特征：背鳍I-12；臀鳍34～37。体甚侧扁，腹部在腹鳍前后均有一排锐利的棱鳞。体被圆鳞，鳞中大，易脱落，无侧线。体背部青灰色，具暗灰色带，侧面银白色；鳃盖后上角具一黄绿色斑驳。背鳍、胸鳍及尾鳍黄色或淡黄色；腹鳍及臀鳍淡色。

生活习性：近海中上层小型鱼类，也常发现于河口水域；主食浮游动物，辅以多毛类、端足类。

分布情况：南渡江河口咸淡水水域。

13. 长颌棱鳀

Thryssa setirostris (Broussonet，1782)

鳀科 Engraulidae

英文名：longjaw thryssa。

主要特征：背鳍I-11～12；臀鳍34～38。体甚侧扁，腹部在腹鳍前后均有一排锐利的棱鳞。体被圆鳞，鳞中大，易脱落。无侧线。体背部青灰色，具暗灰色带，侧面银白色；鳃盖后上角具一黄绿色斑驳。

生活习性：近海中上层小型鱼类，也常发现于河口水域；主食浮游动物，辅以多毛类、端足类。

分布情况：南渡江河口咸淡水水域。

14. 黄鲫

Setipinna tenuifilis (Valenciennes，1848)

鳀科 Engraulidae

鲱形目 Clupeiformes

英文名：hairfin anchovy。

主要特征：背鳍13～14；臀鳍50～56。体长而侧扁，背缘隆突，皆具锐利棱鳞。体被圆鳞，鳞中大，易脱落。无侧线。胸鳍第1软条延长如丝。体背侧呈暗灰黄色，腹部银白色略带黄色。背鳍末端及尾鳍后缘灰黑色，其余各鳍灰白色。

生活习性：近沿海洄游性小型鱼类，常于河口水域出现；群游性；滤食性。

分布情况：南渡江河口咸淡水水域。

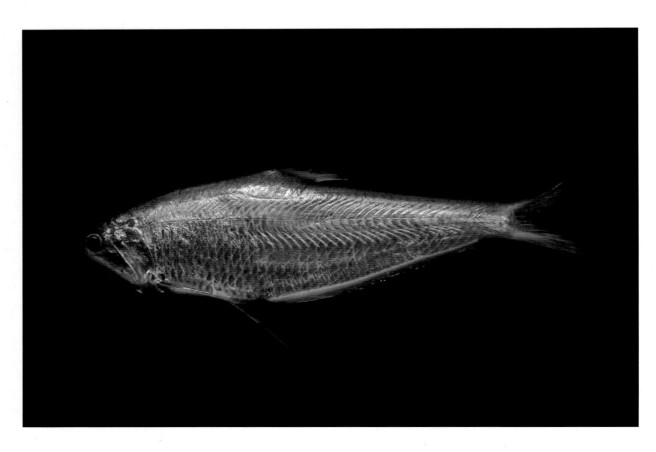

15. 七丝鲚

Coilia grayii Richardson，1845

鳀科 Engraulidae

英文名：seven filamented anchovy。

曾用名/别名/俗称：刀鱼、凤尾鱼。

主要特征：背鳍Ⅰ-12～13；臀鳍74～88；体延长，侧扁，向后渐细长。体被易脱落的薄圆鳞。无侧线。胸鳍上部有7根游离鳍条，均延长为丝状。体银白色，背缘偏墨绿色；尾鳍尖端稍带黑色；背鳍、胸鳍、腹鳍浅色。

生活习性：沿近海中上层小型鱼类，适应河口咸淡水水域；以小型无脊椎动物为食。

分布情况：南渡江龙塘至东山闸纯淡水区域及其河口咸淡水水域。

16. 日本鳗鲡

Anguilla japonica Temminck & Schlegel，1846

鳗鲡科 Anguillidae

英文名：Japanese eel。

曾用名/别名/俗称：白鳝、白鳗。

主要特征：体延长而呈蛇状，尾部侧扁。背鳍和臀鳍均低平且一直延伸到尾部，和尾鳍连结成一体而不易区分彼此；无腹鳍；胸鳍略呈圆形。鳞片细小而埋藏于皮下。体表无任何花纹，体背部为深灰色而略带绿色，腹部则为白色。

生活习性：降河繁殖洄游性鱼类，广泛分布于淡水及半咸淡水水域；以小型鱼类、甲壳类等水生动物为食；上溯洄游距离远，南渡江腰子河曾有发现；夜行性鱼类。

分布情况：主要分布于南渡江中下游水域。

濒危状况：濒危鱼类。

17. 花鳗鲡

Anguilla marmorata Quoy & Gaimard，1824

鳗鲡科 Anguillidae

英文名：marbled eel。

曾用名/别名/俗称：淡水鳗、花鳗。

主要特征：体延长而呈蛇状，尾部侧扁。头中大，呈钝锥形。下颌略突出于上颌。背鳍和臀鳍均低平且一直延伸到尾部，和尾鳍相连；体形较粗短，背鳍起点至胸鳍基底的距离短于背鳍起点至肛门的距离。体背侧为褐色布满不规则的黄绿色斑块；腹部为乳白色。

生活习性：降河繁殖洄游性鱼类，上溯洄游距离远，主要栖息于河流中、上游的底层或洞穴内；以鱼类、虾蟹等为食，可顺水流攀爬过坝，偶尔会爬行至陆地上摄食小型陆生动物；夜行性鱼类。

分布情况：南渡江整个江段。

濒危状况：濒危鱼类；国家二级保护野生动物。

18.匀斑裸胸鳝

Gymnothorax reevesii (Richardson，1845)

海鳝科 Muraenidae

英文名：reeves's moray。

曾用名/别名/俗称：海鳝。

主要特征：体延长而呈圆柱状，尾部侧扁。吻短而钝；颌齿单列，颌间齿为2～3个可倒伏的尖牙。小鱼体呈暗褐色，略带红紫色，成鱼体色呈黄褐色至红褐色。体侧有2～4列褐斑，背鳍、臀鳍上各具一排梳状的褐斑，大斑点间有许多细小的褐色斑点；前后鼻孔黄白色。

生活习性：主要栖息于礁石海岸区，也进入河口水域；以鱼类为主食，偶食甲壳类。

分布情况：南渡江河口咸淡水水域。

19. 异纹裸胸鳝

Gymnothorax richardsonii (Bleeker，1852)

海鳝科 Muraenidae

英文名：spotted-lip moray。

曾用名/别名/俗称：海鳝。

主要特征：体延长而呈圆柱状，尾部侧扁。体具黄褐色或灰绿底色，体上斑纹变异性甚大；体侧有幅度甚狭，具不完全的线状黑褐色波纹；头部有褐色、白色斑点交错，颌孔周缘的白斑特征较为明显。

生活习性：主要栖息于潟湖或浅海珊瑚、岩礁的洞穴及隙缝中，有时也会进入河口水域；主要捕食甲壳类。

分布情况：南渡江河口咸淡水水域。

20. 长鳍

Strophidon sathete (Hamilton，1822)

海鳝科 Muraenidae

英文名：slender giant moray。

曾用名/别名/俗称：长海鳝。

主要特征：体延长；肛门位于鱼体长中部之前。眼接近吻部尖端，到嘴角的距离较大；上、下颌等长。齿为尖状。体色为单纯的褐色。背鳍、臀鳍、尾鳍边缘为黑色。

生活习性：主要栖息于大陆棚沿岸沙泥底之咸水或河口附近半咸淡水水域的底层；生命力强，尖牙具有攻击性，肉食性鱼类。

分布情况：南渡江河口咸淡水水域。

21. 灰海鳗

Muraenesox cinereus (Forsskål，1775)

海鳗科 Muraenesocidae

英文名：daggertooth pike conger。

主要特征：体延长，躯干部近圆筒状，尾部侧扁。头大，锥状。吻尖长。口大、稍斜裂，上颌突出。肛门位于体中部前方。体无鳞。背鳍、臀鳍与尾鳍均发达，并相连。胸鳍发达、尖长。体背及两侧银灰色，大型个体暗褐色，腹部乳白色。背鳍、臀鳍和尾鳍边缘黑色，胸鳍淡褐色。

生活习性：栖息于近海沿岸水域，有时也会进入淡水环境的水域；性凶猛，以底栖的虾、蟹及小鱼为食；夜行性鱼类。

分布情况：南渡江河口咸淡水水域。

22. 裸鳍虫鳗

Muraenichthys gymnopterus (Bleeker，1853)

蛇鳗科 Ophichthidae

英文名：snake eel。

曾用名/别名/俗称：粉鳝。

主要特征：体前部近圆筒形，尾部侧扁。头较小。体裸露无鳞，皮肤光滑。侧线孔明显。背鳍起点在头部远后方。体呈茶黄色，背部有细小黑斑点，腹部浅色。

生活习性：常见于河口的沙底及水的表层。

分布情况：南渡江河口咸淡水水域。

23. 中华须鳗

Cirrhimuraena chinensis Kaup，1856

蛇鳗科 Ophichthidae

英文名：snake eel。

曾用名/别名/俗称：粉鳝。

主要特征：体细长；吻尖；眼小；上颌略长于下颌；仅上唇边缘具发达的唇须。背鳍起点在鳃裂之后，即胸鳍基底的上方或稍后；背鳍、臀鳍较发达，止于尾端稍前；胸鳍发达，无尾鳍，尾端尖突。体色为灰褐色。

生活习性：栖息于近岸沙泥底中；穴居性，善于利用尾尖钻穴；以贝类、虾蛄等底栖动物为食。

分布情况：南渡江河口咸淡水水域。

24. 杂食豆齿鳗

Pisodonophis boro (Hamilton，1822)

鳗鲡目
Anguilliformes

英文名：rice-paddy eel。

曾用名/别名/俗称：土龙。

主要特征：体延长，无尾鳍，尾端尖锐，裸露突出；上颌比下颌长，吻短稍尖，上唇缘具1个肉质突起，位于前鼻孔和后鼻孔之间；体上半侧为褐黄色，下半侧淡白，中位鳍略带黑缘。

生活习性：栖息于咸淡水交汇的水域，比食蟹豆齿鳗更能适应淡水环境，可进入河川下游处生活；主要摄食贝类及甲壳类。

分布情况：南渡江灵山至河口咸淡水水域。

25. 食蟹豆齿鳗

Pisodonophis cancrivorus (Richardson，1848)

蛇鳗科 Ophichthidae

英文名：longfin snake-eel。

曾用名/别名/俗称：土龙。

主要特征：体延长，无尾鳍，尾端裸露尖硬，且背鳍、臀鳍不相连；上唇缘具2个肉质突起；上颌比下颌长，体色多为灰褐至黄褐色之间，腹部淡黄色；胸鳍灰黑色或淡褐色；背鳍、臀鳍有黑缘。

生活习性：多穴居于近岸沙泥底中，偶尔会上溯至河川下游觅食。

分布情况：南渡江灵山至河口咸淡水水域。

26. 南方波鱼

Rasbora steineri Nichols & Pope，1927

鲤科 Cyprinidae

英文名：Chinese rasbora。

曾用名/别名/俗称：头条波鱼。

主要特征：背鳍Ⅲ-7；臀鳍Ⅲ-5；胸鳍Ⅰ-8。体延长，侧扁。眼大。无须。体被中等大的圆鳞。头背和体背侧浅灰色，腹部银白色。从头后部沿体背部中央到尾鳍基部有1条暗色纵带。

生活习性：喜欢生活在清澈水体中。

分布情况：主要分布于南渡江中上游及支流。

27. 海南异鱲

Parazacco fasciatus (Koller，1927)

鲤科 Cyprinidae

主要特征：背鳍Ⅲ - 7；臀鳍Ⅲ - 11 ~ 12；胸鳍Ⅰ - 11 ~ 12。头尖，侧扁。眼中等大。口斜裂。上、下颌边缘波曲，无凹凸相陷。体侧棕黑带银绿色。体侧从头到尾鳍有1条墨绿色纵带。尾鳍基部有1个大斑。雄鱼性成熟期呈棕色。

生活习性：主要栖息于清澈的溪流中。

分布情况：主要分布于南渡江中上游及支流。

28. 海南马口鱼

Opsariichthys hainanensis Nichols & Pope，1927

鲤科 Cyprinidae

曾用名/别名/俗称：大嘴鱼。

主要特征：背鳍Ⅱ-7；臀鳍Ⅲ-8～9；胸鳍Ⅰ-13～14。体延长，侧扁。口向上倾斜。下颌前端稍突出，上下颌边缘呈波曲状，凹凸相陷。体背侧灰黑带红色，体侧下半部及腹部银白色，两侧有浅蓝色狭横纹。各鳍为橙黄色。

生活习性：栖息于水域上层，喜清澈低温的激流和小型水库；性凶猛，为肉食性鱼类。

分布情况：南渡江淡水水域均有分布。

29. 拟细鲫

Aphyocypris normalis Nichols & Pope，1927

鲤科 Cyprinidae

英文名：normalisve nusfish。

主要特征：背鳍Ⅲ－7；臀鳍Ⅲ－7；胸鳍Ⅰ－13。头宽，前端圆。体被中等大的圆鳞。侧线完全。体背侧呈黑色，腹部银白色。背部及体侧各鳞片的后缘有新月形黑色斑纹。

生活习性：栖息于水质清澈的小型水体中下层水域。

分布情况：主要分布于南渡江上游及支流。

30. 林氏细鲫

Aphyocypris lini (Weitzman & Chan，1966)

鲤科 Cyprinidae

英文名：garnet minnow。

主要特征：背鳍III-7；臀鳍II-8；胸鳍I-10~13。体细小，长而侧扁。口小，下颌稍突出。无口须。体被圆鳞。背部棕色，腹部银白。近体侧从吻端至尾鳍基部有1道较宽的黑色纵纹，在黑纹之上自眼后方到尾鳍基部又有1条金黄色的细纹，这条细纹在雄鱼中呈蓝绿色。尾鳍基部有1个圆形黑斑。从臀鳍基部之上沿尾柄下部到尾鳍基部有1条黑线。

生活习性：栖息于水体中下层；杂食性鱼类。

分布情况：原生鱼爱好者曾于南渡江海口段毗邻湿地采集到，2012年以后未采集到。

王裕旭　摄

31. 宽鳍鱲

Zacco platypus (Temminck & Schlegel，1846)

鲤科 Cyprinidae

英文名：freshwater minnow。

主要特征：背鳍II-7；臀鳍III-8～9；胸鳍I-13。体延长，侧扁，腹部圆，无腹棱。体被圆鳞，腹鳍基部具腋鳞。侧线完全。体色艳丽，体背侧淡褐色，腹部浅色，体侧具十数条蓝紫色横纹。

生活习性：栖息于底质为砂石或沙泥的激流处；主要摄食浮游甲壳类、水生昆虫、小鱼、虾，也会摄食一些藻类和腐殖质。

分布情况：历史上南渡江有分布记录，近十多年未发现；该标本藏于上海科技馆标本室。

32. 青鱼

Mylopharyngodon piceus (Richardson，1846)

鲤科 Cyprinidae

英文名：black carp。

曾用名/别名/俗称：黑草。

主要特征：背鳍Ⅲ-7；臀鳍Ⅲ-8；胸鳍Ⅰ-16。体延长，前部近圆筒形，后部侧扁。腹部圆，无腹棱。头稍侧扁，头顶颇宽。上颌略长突出。各鳍均无硬棘。侧线完全。体被较大的圆鳞。体青黑色，背部较深，腹部灰白，各鳍均黑色。

生活习性：栖息于江河湖泊；食物以螺蛳、蚌、蚬、蛤等为主。

分布情况：主要分布于南渡江干流及水库。

外来鱼类

33. 草鱼

Ctenopharyngodon idella (Valenciennes，1844)

鲤科 Cyprinidae

英文名：grass carp。

曾用名/别名/俗称：白草。

主要特征：背鳍Ⅲ-7；臀鳍Ⅲ-8；胸鳍Ⅰ-16～17。体延长，前部近圆筒形，后部侧扁。腹部圆，无腹棱。无须。体被中等大的圆鳞。侧线几乎完全平直。体背青褐色，体侧、腹部银白色。

生活习性：栖息于江河湖泊，一般喜居于水的中下层和近岸多水草水域；以水草等植物性饵料为食，典型的草食性鱼类。

分布情况：主要分布于南渡江干流及水库。

外来鱼类

34. 赤眼鳟

Squaliobarbus curriculus (Richardson，1846)

鲤科 Cyprinidae

英文名：barbel chub。

曾用名/别名/俗称：红眼鱼。

主要特征：背鳍Ⅲ-7；臀鳍Ⅲ-7～8；胸鳍Ⅰ-14。体长筒形，头锥形，上颌须1对，短小，吻须1对，有时无。体背青灰色或黄色，体侧银白色，腹部白色，体侧鳞片基部有1个小黑斑，眼球上缘红色，尾鳍边缘黑色。

生活习性：常栖息于河水或流速较慢、岩石多或底部有卵石的溪涧；主要摄食藻类、水生维管束植物、水生昆虫、小鱼等。

分布情况：南渡江目前仅分布于龙塘坝至谷石滩水坝河段，数量稀少。

35. 蒙古鲌

Culter mongolicus Basilewsky，1855

鲤科 Cyprinidae

鲤形目 Cypriniformes

英文名：mongolian redfin。

曾用名/别名/俗称：红尾。

主要特征：背鳍Ⅲ-7；臀鳍Ⅲ-20~21；胸鳍Ⅰ-15~16。体长形，侧扁，在腹鳍基部至肛门之间具腹棱。头部锥形。口斜裂，下颌略长。背鳍末根硬刺后缘光滑。体背青灰色，腹部银白色。背鳍灰色，臀鳍、胸鳍、腹鳍淡黄色，尾鳍上叶灰色，下叶橘红色。

生活习性：栖息于江河、湖泊中的上层鱼类；主要摄食小鱼和虾。

分布情况：主要分布于南渡江灵山以上干流及较大支流、水库。

36. 红鳍鲌

Culter erythropterus Basilewsky，1855

鲤科 Cyprinidae

英文名：predatory carp。

曾用名/别名/俗称：青梢。

主要特征：背鳍Ⅲ-7；臀鳍Ⅲ-25～27；胸鳍Ⅰ-13～14。体延长而侧扁，背部明显隆起，腹缘浅弧形，胸鳍基部至肛门有完全之腹棱。头小而侧扁。下颌显著地突出向上翘。体背侧灰色，体侧侧线以下和腹面白色，体侧上半部的每个鳞片后缘有黑色小点。各鳍为淡灰色。

生活习性：栖息于江河缓流区；为肉食性鱼类，幼鱼以水生无脊椎动物及小鱼为食，成鱼则以小鱼为主食，偶尔也摄食无脊椎动物。

分布情况：主要分布于南渡江灵山以上干流及较大支流、水库。

37. 海南鲌

Culter recurviceps (Richardson，1846)

鲤科 Cyprinidae

曾用名/别名/俗称：翘嘴。

主要特征：背鳍Ⅲ - 7；臀鳍Ⅲ - 23 ~ 26；胸鳍Ⅰ- 14 ~ 17。头后背部隆起，在腹鳍基部至肛门之间具腹棱。头锥形。口上位。下颌明显突出、上翘。背鳍最后硬刺后缘光滑。侧线中位，稍下弯。体背灰色，腹部银白色。

生活习性：大型淡水鱼类，栖息于较大水体；以鱼、虾为食。

分布情况：主要分布于南渡江灵山以上干支流、水库。

38. 海南拟鲹

Pseudohemiculter hainanensis (Boulenger，1900)

鲤科 Cyprinidae

曾用名/别名/俗称：白条。

主要特征：背鳍Ⅱ-7；臀鳍Ⅲ-13～14；胸鳍Ⅰ-13。体较低，侧扁，在腹鳍至肛门之间有腹棱。侧线在胸鳍下方显著下斜。背鳍末根为硬刺。体背暗灰色，腹部银白色，尾鳍灰黑色，其余各鳍淡灰色。

生活习性：喜集群于江河岸边浅滩处；摄食水生昆虫、小虾、植物碎屑等。

分布情况：主要分布于南渡江淡水水域。

39. 三角鲂

Megalobrama terminalis (Richardson，1846)

鲤科 Cyprinidae

英文名：black Amur bream。

曾用名/别名/俗称：广东鲂、边鱼。

主要特征：背鳍Ⅲ－7；臀鳍Ⅲ－26；胸鳍Ⅰ－13～14。头后背部显著隆起。吻短。腹面自腹鳍起点至肛门间有1个肉棱。体被小圆鳞，鳞片边缘有密集黑点。背鳍最后硬刺粗大光滑。尾鳍下叶稍长。体背灰黑色，腹部银白色。

生活习性：栖息于静水和流水水域，在江河或湖泊中都能生长繁殖。

分布情况：主要分布于南渡江定安段至儋州段。

40. 海南华鳊

Sinibrama melrosei (Nichols & Pope，1927)

鲤科 Cyprinidae

曾用名/别名/俗称：大眼鳊。

主要特征：背鳍Ⅲ-7；臀鳍Ⅲ-19~21；胸鳍Ⅰ-14。体菱形。头背面浅弧形。眼大且突出。侧线浅弧形，在体侧下半部，后部行于尾柄中央。体背灰色，腹部白色。背鳍和尾鳍黑色，其余各鳍淡白色。臀鳍位于背鳍基部的后下方。

生活习性：主要摄食高等植物碎屑和水生昆虫。

分布情况：主要分布于南渡江定安至儋州段。

41. 海南鲌

Hainania serrata Koller，1927

鲤科 **Cyprinidae**

曾用名/别名/俗称：白条。

主要特征：背鳍Ⅱ-7；臀鳍Ⅲ-13～26；胸鳍Ⅰ-4。体长形，自腹鳍基部至肛门具
腹棱。背鳍末根硬刺粗大，后缘有细弱锯状齿。体背灰黑色，体侧及腹
部银白色。

生活习性：栖于水体上层；杂食性鱼类。

分布情况：主要分布于南渡江定安至儋州段。

濒危状况：濒危鱼类。

42. 线纹梅氏鳊

Metzia lineata (Pellegrin, 1907)

鲤科 Cyprinidae

鲤形目 Cypriniformes

英文名：lined small-bream。

曾用名/别名/俗称：线细鳊。

主要特征：背鳍Ⅱ-7；臀鳍Ⅲ-14～17；胸鳍Ⅰ-13。体延长，侧扁，体背缘弧形。口中等大。侧线完全。体被中等大的圆鳞。体背灰黑色，腹部银白色，体侧上半部灰色。体侧鳞片基部有小黑点，各鳍浅灰色。

生活习性：生活于水体上层；杂食性鱼类。

分布情况：主要分布于南渡江定安、澄迈等地。

濒危状况：近危鱼类。

43. 台湾梅氏鳊

Metzia formosae (Oshima，1920)

鲤科 Cyprinidae

英文名：Taiwan lesser-bream。

曾用名/别名/俗称：台细鳊。

主要特征：背鳍Ⅱ-8；臀鳍Ⅱ-14；胸鳍Ⅰ-7。体延长，颇侧扁。自腹鳍基部至肛门具一明显的肉棱。体被中大型的圆鳞；侧线完全，各鳍均无硬刺。体呈银白色，背部灰色。体侧中央有一灰黑色的纵带。体侧每个鳞片的基部具有小黑点。

生活习性：栖息于静缓水体的中上层水域，喜藏身于水生植物繁生处；杂食性鱼类。

分布情况：主要分布于南渡江定安、澄迈等地。

濒危状况：易危鱼类。

44. 海南似鱎

Toxabramis houdemeri Pellegrin，1932

鲤科 Cyprinidae

曾用名/别名/俗称：白条。

主要特征：背鳍II - 7；臀鳍III - 13 ~ 15；胸鳍I - 12。头背略斜，上颌骨后端伸达
眼前缘下方。侧线完全。体银白色，体侧有1条灰色纵带。背鳍和尾鳍
灰色，其余各鳍无色。

生活习性：栖息于水体中上层；杂食性鱼类。

分布情况：广泛分布于南渡江淡水水域。

45. 高氏鳘

Hemiculter yungaoi Vasil' eva，Vasil' ev & Shedko，2022

鲤科 Cyprinidae

曾用名/别名/俗称：鳘(误定名)、白条。

主要特征：背鳍Ⅲ – 7；臀鳍Ⅲ – 11 ~ 13；胸鳍Ⅰ – 13。体背缘较平直。头尖长，略呈三角形。眼中等大。背鳍后缘有光滑的硬刺。体背侧青灰色，腹面银白色，尾鳍边缘灰黑色，其余各鳍浅黄色。

生活习性：群栖于水域上层；主要摄食藻类、高等植物碎屑、甲壳动物和水生昆虫等。

分布情况：广泛分布于南渡江淡水水域。

46. 黄尾鲴

Xenocypris davidi Bleeker，1871

鲤科 Cyprinidae

英文名：yellow fin。

曾用名/别名/俗称：黄尾。

主要特征：背鳍Ⅲ-7；臀鳍Ⅲ-9~11；胸鳍Ⅰ-14~16。体较长，侧扁。侧线完全，侧线的前段弯曲，后段延伸至尾柄正中，肛门前有1个不明显的腹棱。体银白色，背部灰黑色。尾鳍橘黄色。

生活习性：栖息于中下层水域；主要摄食有机碎屑和硅藻。

分布情况：广泛分布于南渡江淡水水域。

47. 银鲴

Xenocypris macrolepis Bleeker，1871

鲤科 Cyprinidae

英文名：silver nase。

曾用名/别名/俗称：白尾。

主要特征：背鳍Ⅲ-7；臀鳍Ⅲ-9；胸鳍Ⅰ-14～15。体延长，侧扁。口小。上、下颌有尖锐角质边缘。侧线完全，侧线的前段弯曲，后段延伸至尾柄正中，肛门前有或无极不发达的腹棱。背部灰黑色，体侧下部和腹部银白色。背鳍和尾鳍深灰色。

生活习性：江河中下层水域鱼类；主要摄食高等植物残屑及硅藻类、蓝藻类、丝藻类、水生昆虫和浮游动物等。

分布情况：偶见于南渡江淡水水域。

48. 高体鳑鲏

Rhodeus ocellatus (Kner，1866)

鲤科 Cyprinidae

英文名：rose bitterling。

主要特征：背鳍II-9～12；臀鳍II-10～11；胸鳍I-9～11。体高，略呈卵圆形。体被圆鳞，体侧上部鳞片的后缘有密集的小黑点。侧线不完全。背鳍和臀鳍的最后不分枝鳍条基部较硬，末端柔软。腹鳍不分枝鳍条乳白色。体背暗绿色，腹部色浅。

生活习性：栖息于我国南方各省的湖泊、池塘以及河湾水流缓慢的浅水区；食物以藻类为主，兼食水底碎屑。

分布情况：主要分布于南渡江淡水水域。

鲤形目 Cypriniformes

49. 刺鳍鳑鲏

Rhodeus spinalis Oshima，1926

鲤科 Cyprinidae

英文名：spinose bitterlin。

主要特征：背鳍Ⅱ-11～12；臀鳍Ⅱ-13～15；胸鳍Ⅰ-12～13。体长卵圆形。眼眶前上角有1个低而钝的突起。体被圆鳞。侧线不完全。背鳍和臀鳍有不分枝鳍条。体上侧每枚鳞片后缘黑色，体侧后半部中轴有1条黑色纵带。

生活习性：栖息于湖泊、池塘以及河湾水流缓慢的浅水区；食物以藻类为主，兼食水底碎屑。

分布情况：主要分布于南渡江部分干流及支流。

王裕旭　摄

50.原田鳑鲏

Rhodeus haradai Arai，Suzuki & Shen，1990

鲤科 Cyprinidae

主要特征：背鳍Ⅱ-11～12，臀鳍Ⅲ-14～15，胸鳍Ⅰ-12。体侧扁，头部极小而尖，雄鱼嘴上有1块圆板状白斑。侧背部暗色，腹侧部的鳞具有淡暗色的边缘，下半部呈银白色，各鳍均匀呈较淡的暗色，背鳍及臀鳍中央有1～2条白斑。

生活习性：喜好栖息于山间小溪的缓流处。

分布情况：主要分布于南渡江个别支流，稀少。

注：《海南淡水及河口鱼类图鉴》（2021年）原田鳑鲏图片有误，以此版图鉴为准。

51. 大鳍鱊

Acanthorhodeus macropterus (Bleeker，1871)

鲤科 Cyprinidae

英文名：largefin bitterling。

曾用名/别名/俗称：大鳍刺鳑鲏。

主要特征：背鳍Ⅱ-15～17；臀鳍Ⅱ-12～13；胸鳍Ⅰ-13～15。体卵圆形。口前下位。有1对短的上颌须。侧线完全。体被圆鳞。体背部暗绿色或黄灰色，体侧银白色，尾柄中线有1根黑色纵纹。

生活习性：栖息于湖泊、池塘以及河湾水流缓慢的浅水区；食物以藻类为主，兼食水底碎屑。

分布情况：主要分布于南渡江海口、定安段。

52. 越南鳍

Acanthorhodeus tonkinensis (Vaillant，1892)

鲤科 Cyprinidae

曾用名/别名/俗称：越南刺鳑鲏。

主要特征：背鳍Ⅱ-12～14；臀鳍Ⅱ-10～11；胸鳍Ⅰ-12～13；腹鳍1-8。体侧扁，呈卵圆形，背缘隆起，腹缘呈浅弧形。体被大圆鳞。侧线完全。体背部暗绿色或黄灰色，体侧银白色，沿尾柄中央具一黑色纵纹。

生活习性：栖息于河湾水流缓慢的区域；食物以藻类为主，兼食水底碎屑。

分布情况：主要分布在南渡江澄迈、屯昌等地。

53. 条纹小鲃

Puntius semifasciolatus (Günther，1868)

鲤科 Cyprinidae

英文名：largefin bitterling。

主要特征：背鳍Ⅳ－8；臀鳍Ⅲ－5；胸鳍Ⅰ－11～13。体小且侧扁。口前位。下颌须通常为1对，无上颌须。鳞大。背鳍末根不分枝鳍条为硬刺，后缘有细的锯齿。背部灰黑色，腹部灰白，体侧灰色，通常有4根垂直褐色条纹及数个褐斑。

生活习性：杂食性，主要以水生昆虫、植物碎屑等为食。

分布情况：主要分布于南渡江上游、支流。

54. 光倒刺鲃

Spinibarbus hollandi Oshima，1919

鲤科 Cyprinidae

英文名：longbody flatespined barbel。

曾用名/别名/俗称：喀氏倒刺鲃、军鱼、君鱼、白娄。

主要特征：背鳍Ⅳ–9；臀鳍Ⅲ–5；胸鳍Ⅰ–15。体前部为圆筒形。口近下位。上颌稍突出，下颌须比上颌须稍长。鳞大。背鳍前方有1根平卧的倒刺。体背部青黑色，腹部灰白，体侧上部浅灰色而下部浅黄色。

生活习性：一般栖息于底质多乱石且水流较湍急的江河中；主要以小鱼、浮游动物、水生昆虫和有机碎屑等为食。

分布情况：主要分布在南渡江定安至白沙段的干流和支流。

55. 倒刺鲃

Spinibarbus denticulatus (Oshima，1926)

鲤科 Cyprinidae

英文名：holland's spinibab。

曾用名/别名/俗称：锯齿倒刺鲃、竹包。

主要特征：背鳍Ⅳ-9；臀鳍Ⅲ-5；胸鳍Ⅰ-15。体长，稍侧扁，口前位。背鳍有硬刺，前方有1根平卧硬刺，末根不分枝鳍条后缘有锯状小齿。体侧深绿色中带灰色，腹面灰白色。

生活习性：栖息于有流水的江河中；主食植物碎屑及丝状藻类。

分布情况：主要分布于南渡江中上游，数量少。

56. 虹彩光唇鱼

Acrossocheilus iridescens (Nichols & Pope，1927)

鲤科 Cyprinidae

英文名：iridescens chiselmouth。

曾用名/别名/俗称：斑马鱼。

主要特征：背鳍Ⅳ-8；臀鳍Ⅲ-5；胸鳍Ⅰ-15～16。体侧扁。吻突出，口下位，须2对。鳞中等大。背鳍末根不分枝鳍条后缘有发达的锯状齿。尾鳍深分叉，棕褐色。体侧有4～5根粗大的深褐色横纹。

生活习性：栖息于石砾底质、水质清澈的溪流中；以着生藻类和水草为主食。

分布情况：主要分布于南渡江琼中、白沙等地。

濒危状况：易危鱼类。

57. 海南瓣结鱼

Folifer hainanensis (Peters，1881)

鲤科 Cyprinidae

主要特征：背鳍Ⅳ-8；臀鳍Ⅲ-5；胸鳍Ⅰ-13～15。体延长，稍侧扁，腹面圆形。须2对，吻须细小或消失。侧线完全。体背侧灰黑色，腹侧灰白色，体侧有一纵行黑色条纹。体侧鳞片基部有一新月形黑色横斑。

分布情况：南渡江曾有历史分布记录，近十多年未采集到，该标本目前收藏于中国水产科学研究院珠江水产研究所。

濒危状况：濒危鱼类。

顾党恩　摄

58. 海南鳅鲍

Gobiobotia kolleri Banarescu & Nalbant，1966

鲤科 Cyprinidae

曾用名/别名/俗称：科勒氏鳅鲍。

主要特征：背鳍Ⅲ－7；臀鳍Ⅱ－6；胸鳍Ⅰ－13。体近圆筒形，尾部侧扁。胸鳍前方的腹部均裸露无鳞，背鳍前方侧线以上鳞片均有弱棱。体背部褐黄色，腹部浅灰色；体背和体侧各有数个黑色的斑块，背鳍和尾鳍黑褐色，其余各鳍浅白色。

生活习性：主要栖息于砂石底质的水域中。

分布情况：主要分布于南渡江定安、澄迈等地。罕见。

王裕旭 摄

59. 细尾白甲鱼

Onychostoma lepturum (Boulenger，1900)

鲤形目 Cypriniformes

鲤科 Cyprinidae

英文名：slendertail shoveljaw fish。

曾用名/别名/俗称：石鲮鱼。

主要特征：背鳍Ⅳ－8；臀鳍Ⅲ－5，胸鳍Ⅰ－15。体侧扁，呈纺锤形。无须。鳞片中等大。背鳍最后不分枝鳍条不成硬刺。背部灰绿色，体侧中央有1条黑色纵带，在生殖季节呈现鲜明的橘红色。

生活习性：喜欢在急流的水体中生活；刮取附着于岩石上的固着藻类为食。

分布情况：主要分布于南渡江上游及支流。

濒危状况：近危鱼类。

60. 南方白甲鱼

Onychostoma gerlachi (Peters，1881)

鲤科 Cyprinidae

主要特征：背鳍Ⅳ–8；臀鳍Ⅲ–5；胸鳍Ⅰ–16～17。体延长，稍低，略呈圆筒形，腹面圆形，尾柄细长。背鳍最后不分枝鳍条为硬刺。鳞中大。侧线完全。背面及上侧面灰褐色，腹面及下侧面灰白色，体侧中央具一不明显黑色纵带。各鳍灰白色。

生活习性：摄食岩石上的固着藻类，兼食小型底栖水生动物。

分布情况：主要分布于南渡江定安、海口等地。

61. 盆唇高鲮

Altigena discognathoides (Nichols & Pope，1927)

鲤科 Cyprinidae

鲤形目 Cypriniformes

曾用名/别名/俗称：盆唇华鲮、盆唇孟加拉鲮。

主要特征：背鳍Ⅲ-10～11；臀鳍Ⅲ-5；胸鳍Ⅰ-15～16。体延长，侧扁，较厚，背缘略呈弧形，腹部圆。须2对。鳞中大，胸部鳞较小，背鳍和臀鳍具低鳞鞘，腹鳍基部具一狭长腋鳞。侧线完全。体黑褐色，腹侧颜色较浅淡，各鳍灰黑色。

生活习性：主要刮食着生藻类。

分布情况：主要分布于南渡江白沙段。

濒危状况：极危鱼类。

62. 纹唇鱼

Osteochilus salsburyi Nichols & Pope，1927

鲤科 Cyprinidae

英文名：laterstriped bonelipfish。

曾用名/别名/俗称：暗花纹唇鱼、苦仔。

主要特征：背鳍Ⅳ - 11；臀鳍Ⅲ - 5；胸鳍Ⅰ - 12 ~ 13。体肩部显著隆起。吻尖。上、下唇均脱离上、下颌。上唇厚，且向外翻，表面有整齐的肋状突起。须2对，均不发达。鳞片中等大。侧线完全。背鳍后缘微内凹，胸鳍末端圆，尾鳍深叉形。

生活习性：喜居小河溪流中，也可在静水中生活；杂食性鱼类。

分布情况：广泛分布于南渡江淡水水域。

63. 鲮

Cirrhinus molitorella (Valeciennes，1844)

鲤科 Cyprinidae

鲤形目 Cypriniformes

英文名：mud carp。

曾用名/别名/俗称：土鲮。

主要特征：背鳍Ⅳ-12；臀鳍Ⅲ-5；胸鳍Ⅰ-15。体侧扁而长。须2对。鳞片中等大。体银白色，体背色较深，腹部为灰白色。体侧鳞片基部有三角形浅绿色斑点。胸鳍上方有菱形的蓝色斑块鳞片。

生活习性：以有机碎屑、藻类和植物碎屑为主要食物，也兼食水生无脊椎动物。

分布情况：广泛分布于南渡江淡水水域。

64. 麦瑞加拉鲮

Cirrhinus cirrhosus Hamilton，1822

鲤科 Cyprinidae

英文名：mrigalcarp。

曾用名/别名/俗称：麦鲮。

主要特征：背鳍 Ⅰ - 12 ～ 13。体延长，侧扁。具有一对短吻须。背鳍末根不分枝鳍条柔软，无锯齿。背部通常为深灰色，腹部银色。背鳍灰色，胸鳍、腹鳍、臀鳍尖端为橘黄色。

生活习性：杂食性鱼类，主要食物是植物碎屑、浮游生物等。

分布情况：主要分布于南渡江儋州、定安等地。

外来鱼类

65. 南亚野鲮

Labeo rohita (Hamilton，1822)

鲤科 Cyprinidae

曾用名/别名/俗称：露斯塔野鲮、泰鲮。

主要特征：背鳍 Ⅲ－12；臀鳍Ⅲ－5；胸鳍Ⅰ－16 ～ 17。体延长，侧扁，较厚，腹面圆形，自腹鳍基部至肛门具一低弱肉棱。须2对，均短小。侧线完全。体青绿色，背部颜色较深，露出水面时有蓝色金属光泽，腹部灰白色。多数鳞片有半月形红斑，成鱼尤为明显。各鳍粉红色。眼红色。

生活习性：栖息于淡水底层，也到中上层水域取食；主食水生植物的茎、叶和植物碎屑、浮游植物和固着丝状藻等。

分布情况：主要分布于南渡江白沙段。

外来鱼类

66. 东方墨头鱼

Garra orientalis Nichols，1925

鲤科 Cyprinidae

英文名：oriental sucking barb。

曾用名/别名/俗称：缺鼻鱼。

主要特征：背鳍Ⅳ－8；臀鳍Ⅲ－5；胸鳍Ⅰ－15。体延长，体前部半椭圆柱形。鼻孔前常出现下塌的部分，表面布满角质的"珠星"。须2对。鳞片中等大。体棕黑色，腹部灰白色，体侧鳞片上有小黑点，连成数根黑色纵纹。

生活习性：栖息于江河、山涧水流湍急的环境中，以其碟状吸盘吸附于岩石上，营底栖生活；食物中多为着生藻类。

分布情况：主要分布于南渡江海口、屯昌等地。

67. 间鳍

Hemibarbus medius Yue，1995

鲤科 **Cyprinidae**

曾用名/别名/俗称：唇鳍（误定名）。

主要特征：背鳍Ⅲ-7；臀鳍Ⅲ-6；胸鳍Ⅰ-18～19。体背部隆起。眼较大。上颌
　　　　　突出，上、下颌无角质边缘。体被中等大的圆鳞，体背青灰带黄色，腹
　　　　　部白色，侧线上方常有数条纵列黑色大斑。

生活习性：底栖鱼类，栖息于水流湍急的河流或水体中；主要摄食底栖昆虫幼虫、
　　　　　软体动物、小鱼小虾及浮游动植物，夜间觅食。

分布情况：广泛分布于南渡江淡水水域。

68. 麦穗鱼

Pseudorasbora parva (Temminck & Schlegel，1846)

鲤科 Cyprinidae

英文名：stone moroko。

主要特征：背鳍Ⅲ-7；臀鳍Ⅲ-6；胸鳍Ⅰ-12。体延长，低而侧扁，腹部圆，尾柄较长。无须。体被圆鳞，鳞中大。侧线完全。体背侧银灰色微黑，腹侧淡白色。体侧每一鳞缘有新月形黑斑；幼鱼通常在体侧中央从吻经眼至尾鳍基部具一黑色纵纹。

生活习性：栖息于湖沼沿岸、湖湾、河沟等浅水区；摄食浮游动物、水生昆虫，也食水生植物和低等藻类，并杂食多量丝状藻和水草。

分布情况：主要分布于南渡江中上游，数量稀少，偶尔采集到。

69.海南黑鳍鳈

Sarcocheilichthys hainanensis Nichols & Pope，1927

鲤科 Cyprinidae

英文名：blackfin fat minnow。

曾用名/别名/俗称：海南鳈。

主要特征：背鳍Ⅲ－7；臀鳍Ⅲ－6；胸鳍Ⅰ－15～16。体稍侧扁。吻较突出。上颌须退化或消失。体被中等大圆鳞。背鳍无硬刺。体背侧黑褐色，腹部灰白色。体侧中部散布不规则的黑斑，鳃孔后方有1根垂直的深黑色斑条。背鳍上缘和前部鳍条灰黑色。

生活习性：栖息于水质澄清的流水或静水中；喜食底栖无脊椎动物和水生昆虫，亦食少量甲壳类、贝壳类、藻类及植物碎屑。

分布情况：主要分布于南渡江澄迈、白沙等地。

70. 银鮈

Squalidus argentatus (Sauvage & Dabry de Thiersant，1874)

鲤科 Cyprinidae

英文名：silver gudgeon。

主要特征：背鳍Ⅲ-7；臀鳍Ⅲ-6；胸鳍Ⅰ-14。体细长，后部侧扁，腹部圆。体被中等圆鳞。侧线完全而平直。背侧银灰色，腹部银白色，体侧在侧线上方具一银灰色纵带。背鳍、尾鳍灰色，其余各鳍灰白色。

生活习性：主要以底栖水生昆虫及有机碎屑为食。

分布情况：主要分布于南渡江澄迈、定安等地。

71.暗斑银鮈

Squalidus atromaculatus (Nichols & Pope，1927)

鲤科 Cyprinidae

主要特征：背鳍Ⅲ-7；臀鳍Ⅱ-6。体长形，背鳍基部稍隆起，腹部圆。上颌稍长
于下颌。口角有1对须。侧线完全。体呈银灰色，头背部以及体侧的上
半部色泽较深，腹部灰白色。背部正中具一铅黑色细条纹。体侧中轴沿
侧线亦具一铅黑色纵纹。

生活习性：主要摄食水生昆虫，其次为藻类和水生高等植物。

分布情况：主要分布于南渡江澄迈、定安等地。

72. 点纹银鮈

Squalidus wolterstorffi (Regan，1908)

鲤科 Cyprinidae

英文名：dottedline gudgeon。

主要特征：背鳍Ⅲ–7；臀鳍Ⅲ–6；胸鳍Ⅰ–13～15。体侧扁稍高。口近下位，弧形。上颌稍突出于下颌。口角有细长的上颌须1对。侧线完全。体被较大的圆鳞。体灰褐色，体侧具有1条黑色纵带，上具大小黑斑。每个侧线鳞上具"八"字形黑斑，向后渐不明显。

生活习性：主要摄食水生昆虫、藻类和水生植物。

分布情况：主要分布于南渡江澄迈、定安、白沙等地。

73. 嘉积小鳔鮈

Microphysogobio kachekensis (Oshima，1926)

鲤科 Cyprinidae

鲤形目 Cypriniformes

主要特征：背鳍Ⅲ-7；臀鳍Ⅲ-6；胸鳍Ⅰ-13。体低而长。口裂深弧形。唇发达，上、下唇均有乳突。下唇褶中叶有1对椭圆形肉质突起，两侧叶明显，在口角处与上唇相连。体灰褐色，腹部白色，体背侧杂布许多黑色的斑块或斑点。

生活习性：喜欢生活在水急、有砾石或砂石底的小河。

分布情况：广泛分布于南渡江水域。

74. 似鮈

Pseudogobio vaillanti (Sauvage，1878)

鲤科 Cyprinidae

主要特征：背鳍Ⅲ-7；臀鳍Ⅲ-6；胸鳍Ⅰ-13～14。体近圆筒形。头长而扁。吻突出。颌须较粗大。体黄褐色，腹部浅棕色。体背有5个大黑斑，体侧有数个不规则的黑色斑块。背鳍及尾鳍上有许多小黑斑。

生活习性：常栖息在江河中下层水体；主要以水生昆虫和植物碎屑为食。

分布情况：主要分布于南渡江海口、定安段，数量较少。

75. 无斑蛇鮈

Saurogobio immaculatus Koller，1927

主要特征：背鳍Ⅲ－7；臀鳍Ⅲ－6；胸鳍Ⅰ－13。体前部较粗壮，吻圆钝，眼较大，口深弧形。尾鳍分叉，上叶稍长于下叶，体灰色，腹部浅灰色，体侧无斑点，从鳃孔上角至尾鳍基部有1条褐色的纵带，各鳍灰白色。

生活习性：栖息于有砾石或砂石底的河段。

分布情况：主要分布于南渡江海口、定安段，数量稀少。

76. 尖鳍鲤

Cyprinus acutidorsaulis Wang，1979

鲤科 Cyprinidae

曾用名/别名/俗称：海鲤。

主要特征：背鳍Ⅳ-15～18；臀鳍Ⅲ-5；胸鳍Ⅰ-14～15。体侧扁而高，菱形。上颌比下颌稍突出。须2对。背鳍起点在腹鳍基部后方，有4根不分枝鳍条。胸鳍后端尖。头部及体背侧灰色，体侧灰白色。

生活习性：栖息于江河口水域，是鲤科鱼类中长期生活在我国南海少数河口咸淡水水域中的特有种类；杂食性鱼类。

分布情况：南渡江河口至东山闸坝河段尚有，数量罕见。

77. 鲤

Cyprinus rubrofuscus Lacepède，1803

鲤科 Cyprinidae

英文名：common carp。

曾用名/别名/俗称：赤棕鲤、红褐鲤。

主要特征：背鳍Ⅳ-15～18；臀鳍Ⅲ-5；胸鳍Ⅰ-14～15。体侧扁而肥厚，背部稍隆起，腹部浅弧形。眼下缘水平线通过吻端。吻须1对，颌须1对。体被大圆鳞。头部及体背部灰黑色，腹部银白色，体侧银白带金黄色。背鳍和尾鳍基部黑色，尾鳍下叶边缘淡红色。

生活习性：多栖息于松软的水底和水草丛生处；杂食性鱼类。

分布情况：广泛分布于南渡江淡水水域。

78. 须鲫

Carassioides acuminatus (Richardson，1846)

鲤科 Cyprinidae

英文名：canton carp。

曾用名/别名/俗称：河鲫、三角鲫。

主要特征：背鳍Ⅳ - 18 ~ 20；臀鳍Ⅲ - 5；胸鳍Ⅰ-15 ~ 16。体背部陡斜隆起，呈菱形。吻须1对，颌须1对。背鳍上缘凹入，胸鳍后端圆，尾鳍深分叉。体背部和头部灰黑色，体下侧和腹部银白色。鳃盖骨处有棕色的斑点。尾鳍边缘黑色。

生活习性：栖息于底质为淤泥的缓流或完全静止的水域中；以藻类、浮游动物、水生昆虫的幼体以及腐烂的植物残屑为主要食物。

分布情况：广泛分布于南渡江淡水水域。

79. 鲫

Carassius auratus (Linnaeus，1758)

鲤科 Cyprinidae

英文名：crucian carp。

曾用名/别名/俗称：田鲫、白鲫。

主要特征：背鳍Ⅳ-15～19；臀鳍Ⅲ-5；胸鳍Ⅰ-16～17。体稍延长，侧扁而高。体被中等大的圆鳞。臀鳍最后不分枝鳍条粗，尾鳍分叉。头部和体背侧灰黑色，体下侧和腹部银白色。鳃盖处有时有棕褐色的斑点。尾鳍后缘黑色，其余各鳍浅灰色。

生活习性：底栖性鱼类；杂食性。

分布情况：广泛分布于南渡江水域。

80. 花鲢

Hypophthalmichthys nobilis (Richardson，1845)

鲤形目 Cypriniformes

英文名：bighead carp。

曾用名 / 别名 / 俗称：鳙、崇鱼、大头鱼。

主要特征：背鳍Ⅲ-7；臀鳍Ⅲ-12～13；胸鳍Ⅰ-17。体侧扁，较高，从腹部基部至肛门之间，具有腹棱。头极大，前部宽阔。体被较细小的圆鳞。体背灰黑色，腹侧灰白色，密布细黑斑，腹部银白色，各鳍淡灰色，有细黑斑。

生活习性：喜栖息于水体中上层；滤食性鱼类，主要摄食浮游动物。

分布情况：主要分布于南渡江干流及水库。

外来鱼类

81. 鲢

Hypophthalmichthys molitrix (Valenciennes，1844)

鲤科 Cyprinidae

英文名：silver carp。

曾用名/别名/俗称：鳙鱼。

主要特征：背鳍Ⅲ-7；臀鳍Ⅲ-11~13；胸鳍Ⅰ-17。体延长，侧扁，稍高，腹部狭窄，从胸鳍基部至肛门间有发达的腹棱。体被较小圆鳞，体背侧灰黑色，腹部银白色。背鳍和尾鳍边缘稍黑，其余各鳍淡灰色。

生活习性：栖息于水体中上层，平时栖息于深的江河及沿江各附属水体内；滤食性鱼类，主要摄食浮游植物。

分布情况：主要分布于南渡江干流及水库。

外来鱼类

82. 大鳞鲢

Hypophthalmichthys harmandi Sauvage，1884

鲤科 Cyprinidae

鲤形目 Cypriniformes

曾用名/别名/俗称：腩鱼、松涛腩鱼。

主要特征：背鳍Ⅲ-7；臀鳍Ⅲ-15；胸鳍Ⅰ-17～18。体延长；背部隆起较高，呈浅弧形。体被小圆鳞。体银白色，体背灰褐色。胸鳍和腹鳍白色。

生活习性：多栖息于水流缓慢、水质较肥、浮游生物丰富的开阔水体中；主要摄食浮游生物。

分布情况：南渡江历史上有分布记载，主要在澄迈金江、儋州松涛水库、白沙元门，20世纪70年代末至今未采集到；该标本现存于中国科学院水生生物研究所。

濒危状况：濒危鱼类，国家二级保护野生动物。

王熙　摄

83. 美丽沙猫鳅

Traccatichthys pulcher (Nichols & Pope，1927)

条鳅科 Nemacheilidae

曾用名/别名/俗称：美丽小条鳅、美丽条鳅。

主要特征： 背鳍Ⅲ–10～11；臀鳍Ⅱ–5；胸鳍Ⅰ–9～13。尾柄短而高，头锥形，须3对，较长。体被明显的细小圆鳞，体背及体侧青灰色，腹部浅黄色，体侧沿侧线有1条边缘呈波纹状或由不规则的断续斑块组成的棕黑色纵带，尾鳍基部中央有1个明显的黑色斑块。

生活习性： 底栖小型淡水鱼类，栖息于底质为泥沙的近岸浅水区；摄食水生昆虫及植物碎屑。

分布情况： 主要分布于南渡江上游及支流。

84. 海南沙猫鳅

Traccatichthys zispi (Prokofiev，2004)

条鳅科 Nemacheilidae

曾用名/别名/俗称：海南小条鳅。

主要特征：头部上部和两侧为淡黄褐色，下部为黄色，有粉红色的阴影。体侧沿侧线有1条边缘呈波纹状或由不规则的断续斑块组成的棕黑色纵带，纵带上的孔雀绿亮斑在背鳍后端下方截止。尾鳍基部有一圆形黑点。

生活习性：底栖小型淡水鱼类，栖息于底质为泥沙的近岸浅水区；摄食水生昆虫及植物碎屑。

分布情况：主要分布于南渡江上游及支流。

85. 横纹南鳅

Schistura fasciolata (Nichols & Pope，1927)

条鳅科 Nemacheilidae

英文名：crossbanded loach。

曾用名/别名/俗名：花带条鳅。

主要特征：背鳍Ⅲ-8；臀鳍Ⅱ-5；胸鳍Ⅰ-8～10。体前部略呈圆筒形。口弧形，须3对。背鳍前体鳞稀疏，后体密集。体灰黄色或灰绿色，腹部灰白色。体侧有数条至十数条黑色的横条纹。

生活习性：多栖息于山涧石底或小溪；摄食水生昆虫、底栖无脊椎动物或石底的苔藓等。

分布情况：主要分布于南渡江上游及支流。

86. 无斑南鳅

Schistura incerta (Nichols，1931)

条鳅科 Nemacheilidae

曾用名/别名/俗名：无斑条鳅。

主要特征：背鳍Ⅲ-7～8；臀鳍Ⅱ-5；胸鳍Ⅰ-8～10。眼小，吻须2对，口角须1对。体在背鳍前裸露无鳞，体灰青色或灰绿色，腹部灰白色，各鳍浅红色。

生活习性：底层鱼类，多栖息于山涧石底或小溪；摄食水生昆虫及石底的苔藓等。

分布情况：主要分布于南渡江上游及支流。

87. 白沙花鳅

Cobitis baishagensis Chen，Sui，Liang & Chen，2016

鳅科 Cobitidae

> **曾用名/别名/俗名**：中华花鳅(误定名)。
>
> **主要特征**：体近圆筒形，体延长而侧扁。体呈浅黄色。吻端至眼后有 1 条黑色带，背部有黑斑，体侧上半部有不规则的、小的连续性黑斑，体中部侧线处有 1 列不相连的黑斑。尾鳍基部靠上侧有 1 个小黑斑，背鳍和尾鳍上有数列横纹。
>
> **生活习性**：栖息于河流或底质较肥的江边等的浅水处；摄食藻类和植物碎屑。
>
> **分布情况**：主要分布于南渡江白沙段。

88. 美丽华沙鳅

Sinibotia pulchra (Wu，1939)

鲤形目 Cypriniformes

曾用名/别名/俗名：美丽沙鳅、美丽华鳅。

主要特征：背鳍Ⅲ-7～8；臀鳍Ⅱ-5；胸鳍Ⅰ-13～14。体长而侧扁，眼小，眼下刺分叉，须短，3对。体背部紫黑色，腹部棕黄色，头侧具蠕虫形棕黄色斑纹，背鳍、臀鳍的基部及鳍间各具1条紫黑色带纹。

生活习性：底层鱼类，栖息在底质为砂石的流水中。

分布情况：主要分布于南渡江白沙段。

89. 泥鳅

Misgurnus anguillicaudatus (Cantor，1842)

鳅科 Cobitidae

英文名：oriental weatherfish。

曾用名/别名/俗名：鱼扭。

主要特征：背鳍Ⅲ-7；臀鳍Ⅱ-5；胸鳍Ⅰ-8～10。体背鳍前部圆筒形，尾柄侧扁。体被细小鳞。体背及体侧的颜色深，呈深褐色，周围散布不规则的褐色斑点，腹部浅黄色或灰白色，尾鳍基部上侧有1个黑色的斑点。尾柄背缘皮褶不发达。

生活习性：生活在淤泥底的静止或缓流水体内，适应性较强，可钻入泥中潜伏；主要以各类小型动物及藻类为食。

分布情况：主要分布于南渡江上游及支流。

90. 大鳞副泥鳅

Paramisgurnus dabryanus Dabry de Thiersant，1872

鳅科 Cobitidae

曾用名/别名/俗名：台湾泥鳅。

主要特征：背鳍IV - 6 ~ 7；臀鳍III - 5；胸鳍I - 9 ~ 10。体长形，侧扁，体较高。
须5对。鳞片较大。体为灰褐色，背部色较深，腹部黄白色。体侧具有
不规则的斑点。背鳍、臀鳍和尾鳍为浅灰黑色，其上具有不规则的黑色
斑点。尾柄背缘皮褶发达。

生活习性：常见于底泥较深的湖边、池塘、稻田、水沟等浅水水域；杂食性鱼类。

分布情况：广泛分布于南渡江淡水及咸淡水水域。

外来鱼类

91. 广西爬鳅

Balitora kwangsiensis (Fang，1930)

英文名：sucker-belly loach。

曾用名/别名/俗名：广西华平鳅。

主要特征：背鳍Ⅲ－8；臀鳍Ⅱ－5；胸鳍Ⅶ～Ⅷ－10～12。体长，近圆筒形。口小，下位。下颌稍外露，须4对。体被中等大的鳞。体背棕黑色，腹部灰白色。体背中部有数个圆黑斑，体侧有不规则的黑纹。

生活习性：栖息于江河急流石滩上。

分布情况：主要分布于南渡江上游及支流。

92. 琼中拟平鳅

Liniparhomaloptera qiongzhongensis Zheng & Chen，1980

爬鳅科 Balitoridae

> **主要特征：**背鳍Ⅲ - 7；臀鳍Ⅱ - 5；胸鳍Ⅰ - 13 ~ 14。体长，尾柄稍侧扁。口小，下
> 颌外露，吻须2对，颌须1对。头背部及胸鳍基部前的喉部裸露无鳞。
> 体背棕色，腹部微黄。头背面有黑色小圆斑，体背有不规则的黑斑，侧
> 线下方有1纵列黑带。
>
> **生活习性：**栖息于山间急流；刮食性鱼类。
>
> **分布情况：**主要分布于南渡江上游及支流。

93. 爬岩鳅

Beaufortia leveretti (Nichols & Pope，1927)

爬鳅科 Balitoridae

英文名：crawrock loach。

曾用名/别名/俗名：海南爬鳅。

主要特征：背鳍Ⅲ-7~8；臀鳍Ⅰ-5；胸鳍Ⅰ-24~26。体前部平扁。下颌稍外露，上唇无明显的乳突。体被中等大的鳞。臀鳍第1不分枝鳍条特化为扁平的硬刺。体背棕色，腹部微黄。头背面有黑色小圆斑，体背布满细密的虫蚀状斑块。

生活习性：体型特化，吸附于石块上生活。

分布情况：主要分布于南渡江上游及支流。

94. 短盖肥脂鲤

Piaractus brachypomus (Cuvier, 1818)

脂鲤科 Characidae

英文名：herbivorous characin。

曾用名/别名/俗名：淡水白鲳。

主要特征：背鳍18～19；臀鳍26～28；胸鳍16～18。体侧扁成盘状。无须。体被小型圆鳞。自胸鳍基部至肛门有略呈锯状的腹棱鳞。体银灰色，胸鳍、腹鳍、臀鳍呈红色。尾鳍边缘带黑色。

生活习性：主要栖息于水库中下层；杂食性鱼类。

分布情况：主要分布于南渡江个别水库。

外来鱼类

95. 喷点银板鱼

Metynnis maculatus (Kner，1858)

脂鲤科 Characidae

英文名：spotted metynnis。

曾用名/别名/俗名：斑点银板鱼。

主要特征：体侧扁成盘状。无须。侧线完全，侧线之下银白色，侧线之上颜色较深。体侧散布多个大小不一的圆斑。

生活习性：主要以水生植物为食。

分布情况：主要分布于南渡江海口段。

外来鱼类

96. 糙隐鳍鲇

Pterocryptis anomala (Herre，1934)

鲇科 Siluridae

鲇形目 Siluriformes

曾用名/别名/俗名：西江鲇。

主要特征：背鳍I-2～3；臀鳍55～61；胸鳍I-10～13。体延长，前部较短，后部较长而侧扁。须3对，无鼻须，颌须特长，后伸可超过臀鳍起点。外侧颏须较长，内侧颏须稍短。背鳍短小，无骨质硬刺。体呈褐色，体侧、腹面色浅。

生活习性：主食小鱼、虾和水生昆虫及其幼虫等。

分布情况：主要分布于南渡江上游及支流。

97. 越南隐鳍鲇

Pterocryptis cochinchinensis (Herre，1934)

鲇形目 Siluriformes

鲇科 Siluridae

英文名：vietnam catfish。

曾用名/别名/俗名：越鲇。

主要特征：背鳍Ⅰ-3；臀鳍57～66；胸鳍Ⅰ-12。体延长，前部粗圆，后部侧扁。须2对。体光滑无鳞。体黄褐色，背部紫褐色，腹部浅灰色，各鳍浅灰色，臀鳍边缘灰白色。

生活习性：主食小鱼、虾和水生昆虫及其幼虫等。

分布情况：主要分布于南渡江上游及支流。

98. 鲇

Silurus asotus Linnaeus，1758

鲇科 Siluridae

英文名：amur catfish。

曾用名/别名/俗名：菜刀鱼。

主要特征：背鳍I‑4；臀鳍67～84；胸鳍I‑12～14。体前部粗圆，后部侧扁。下颌稍突出。须2对。体光滑无鳞。胸鳍圆形，硬刺内、外缘均有锯齿，内缘锯齿强。体背侧灰黑色，腹部白色。体侧有不规则的白斑或不明显的斑纹。

生活习性：底层鱼类；主食小鱼、虾及水生昆虫等。

分布情况：主要分布于南渡江干流。

99. 蟾胡子鲇

Clarias batrachus (Linnaeus，1758)

胡子鲇科 Clariidae

英文名：philippine catfish。

曾用名/别名/俗名：泰国塘虱。

主要特征：背鳍73～74；臀鳍54～56。体延长，前部平扁，后部侧扁。枕突后缘，背视广弧形。上颌突出，下颌稍短。须4对。体裸露无鳞，皮肤光滑。侧线不明显。体暗褐色，腹面黄褐色。

生活习性：底层鱼类；主要捕食鱼、虾和水生无脊椎动物等。

分布情况：主要分布于南渡江干流。

外来鱼类

100. 棕胡子鲇

Clarias fuscus (Lacépède，1803)

胡子鲇科 Clariidae

英文名：Chinese catfish。

曾用名/别名/俗名：塘虱。

主要特征：背鳍59～63；臀鳍42～46。体头部宽平，头背平斜。上颌突出。下颌略短于上颌。须4对。体裸露无鳞，富有黏液。胸鳍扇形较小，有1根粗壮的硬刺，硬刺内缘呈锯齿状。体黄褐色或灰黑色，腹部灰白色，体侧有横行的白色小点。

生活习性：底层鱼类；主要捕食鱼、虾和水生无脊椎动物等。

分布情况：主要分布于南渡江干流。

101. 革胡子鲇

Clarias gariepinus (Burchell，1822)

鲇形目 Siluriformes

英文名：north African catfish。

曾用名/别名/俗名：埃及塘虱。

主要特征：背鳍65～76；臀鳍52～55；胸鳍8～9。体延长，后部侧扁。须4对。体表裸露无鳞。体灰青色，背部及体侧有不规则灰色和黑色斑块，胸腹部为白色。

生活习性：底层鱼类；主要摄食鱼、虾和底栖动物等。

分布情况：主要分布于南渡江干流及个别支流。

外来鱼类

102. 线纹鳗鲇

Plotosus lineatus (Thunberg，1787)

鳗鲇科 Plotosidae

英文名：striped catfish。

主要特征：体延长，头部略平扁，腹部圆，后半部侧扁，尾尖。头中大，吻部略尖；口部附近具有4对须。体表无鳞。背鳍及胸鳍第1根硬刺有毒。体背侧棕灰色，体侧中央有2条黄色纵带，奇鳍外缘黑色。

生活习性：常发现于河口水域；主要摄食小虾或小鱼；夜行性鱼类。

分布情况：主要分布于南渡江河口咸淡水水域。

103. 低眼无齿鲏

Pangasianodon hypophthalmus (Sauvage，1878)

巨鲏科 Pangasiidae

英文名：striped catfish。

曾用名/别名/俗名：苏氏圆腹鲏、淡水鲨鱼。

主要特征：体呈纺锤形。上颌略长于下颌。须2对。眼大近圆形，位于口裂稍后处，眼后头长大于吻长，眼圈红黄色。腹大而圆，没有腹棱。体呈青灰色、青蓝色或灰黑色，腹部为银白色。

生活习性：底层鱼类；肉食性为主的杂食性鱼类。

分布情况：主要分布于南渡江定安、澄迈等水域。

外来鱼类

104. 豹纹翼甲鲇

Pterygoplichthys pardalis (Castelnau，1855)

甲鲇科 Loricariidae

英文名：amazon sailfin catfish。

曾用名/别名/俗名：下口鲇、清道夫。

主要特征：背鳍Ⅰ-10～11；臀鳍Ⅰ-3；胸鳍Ⅰ-5。全身被覆硬质骨板。口部腹面，特化为吸盘状口器。体呈黑色且具有许多鹅黄色的不规则纹。头背部为黑色，鹅黄色之花纹密集分布且呈多边形；腹部乳白色，散布黑色斑点。

生活习性：主要以藻类、腐蚀质为食。

分布情况：主要分布于南渡江中下游水域。

外来鱼类

105. 海南长臀鮠

Cranoglanis multiradiatus (Koller，1926)

长臀鮠科 Cranoglanididae

曾用名/别名/俗名：白骨鱼。

主要特征：背鳍Ⅱ-6；臀鳍Ⅲ-33～35；胸鳍Ⅰ-9～10。体前部粗大，后部侧扁，尾柄较短，眼较小，上颌略长于下颌。体裸露无鳞，背鳍第1根硬刺很短小，第2根硬刺粗大且长，前缘有弱锯齿，后缘有强锯齿，脂鳍小，硬刺外缘有弱锯齿，内缘有强锯齿。

生活习性：中下层鱼类；为动物性杂食鱼类。

分布情况：主要分布于南渡江海口、定安段。

濒危状况：濒危鱼类。

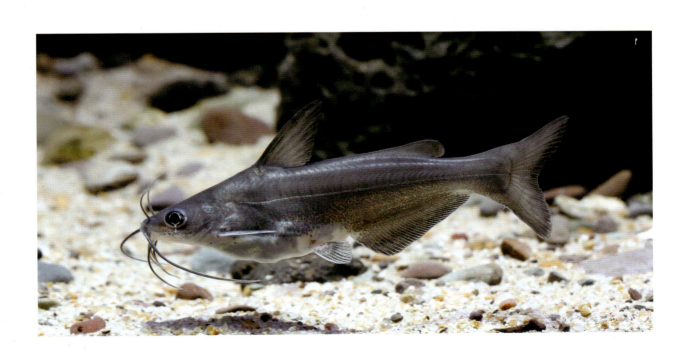

106. 斑真鮰

Ictalurus punctatus (Rafinesque，1818)

鮰科 Ictaluridae

英文名：channel catfish。

曾用名/别名/俗名：斑点叉尾鮰。

主要特征：背鳍I-6～7；臀鳍24～29；胸鳍I-5～7。体细长，头较小，腹面较平直，背面斜平。须4对。体表光滑无鳞，其上分布有不规则斑点。体灰色，侧线以下由淡灰色逐渐变淡，腹部为乳白色。

生活习性：底层鱼类；偏肉食性。

分布情况：主要分布于南渡江中下游的个别水库。

外来鱼类

107. 黄颡疯鳠

Tachysurus fulvidraco (Richardson，1846)

鳠科 Bagridae

英文名：yellow catfish。

曾用名/别名/俗名：黄颡鱼、黄骨鱼。

主要特征：背鳍Ⅱ-7；臀鳍19～20；胸鳍Ⅰ-7。体短而粗壮，稍侧扁，口裂大。上颌比下颌突出。须4对。体表裸露，背鳍有2根硬刺，前缘光滑后缘有弱倒刺，胸鳍1根有硬刺。体深橄榄色，腹部淡黄色，侧线的上、下方各有1条淡黄色纵条纹，其间夹有2条同色的横条纹，将底色分隔成若干纵长的断块。

生活习性：底栖鱼类；肉食性为主的杂食性鱼类，食物包括小鱼、虾、各种陆生和水生昆虫、小型软体动物和其他水生无脊椎动物。

分布情况：主要分布于南渡江儋州、琼中等地。

外来鱼类

108. 中间疯鲿

Tachysurus intermedius (Nichols & Pope，1927)

鲿科 Bagridae

曾用名/别名/俗名：中间拟鲿、黄颡鱼、黄骨鱼。

主要特征：背鳍Ⅱ-7；臀鳍19；胸鳍Ⅰ-7。体延长，躯部粗壮，尾侧扁。体表无鳞，皮肤裸露。侧线平直。背鳍前缘光滑，后缘有弱锯齿。体背部暗褐色，腹部色浅。背鳍前有一鞍状浅色斑，体中部和后部各有浅色横纹，背鳍下方和臀鳍上方各有1个大的暗色斑块。

生活习性：底栖鱼类；主要摄食包括小鱼、虾及其他水生无脊椎动物。

分布情况：主要分布于南渡江儋州、琼中等地。

109. 纵纹疯鳠

Tachysurus virgatus (Oshima，1926)

曾用名/别名/俗名：条纹鮠、细黄颡鱼。

主要特征：背鳍II-6～7；臀鳍14～17；胸鳍I-7～8。体延长，身躯粗壮，侧扁。上颌比下颌突出。须4对。体无鳞，背鳍第2根硬棘细长锐利，前缘光滑，后缘具锯齿，胸鳍硬刺外缘光滑，内缘锯齿发达。体褐黄色，体侧具3条黑褐色纵带，中间1条宽而明显，除尾鳍外，其余各鳍均具黑斑纹。

生活习性：底栖鱼类；主要摄食水生昆虫等。

分布情况：主要分布于南渡江海口、定安等地。

110. 纵带疯鳠

Tachysurus argentivittatus (Regan，1905)

鳠科 Bagridae

曾用名/别名/俗名：纵带鮠。

主要特征：背鳍II-6；臀鳍13～15；胸鳍I-6。头后背部略高，背鳍后方背缘平直，口弧形，腹位，上颌略长于下颌，须3对。体无鳞，背鳍有2根硬刺，淡灰色，体侧有3条暗色的纵带，1条在背部正中，背鳍末端及其余各鳍都有黑斑。

生活习性：底层鱼类；摄食小型水生无脊椎动物。

分布情况：主要分布于南渡江海口段。

111. 海南半鲿

Hemibagrus hainanensis (Tchang，1935)

鲿科 Bagridae

曾用名/别名/俗名：越鳠、长鳠、海南鳠。

主要特征：背鳍Ⅱ-7；臀鳍Ⅱ~3-9；胸鳍Ⅰ-9。体躯干部粗壮，背部隆起。体裸露无鳞。侧线完全。背鳍高大，脂鳍不高但极长，后缘圆突，底部游离，胸鳍硬刺前缘光滑，后缘附生十数枚强锯齿。体黑褐色，腹部灰白色，幼小个体有时具有黑褐色斑块。

生活习性：底层鱼类；主要摄食底层小型鱼类和水生昆虫幼虫。

分布情况：主要分布于南渡江白沙段。

112. 斑半鲿

Hemibagrus guttatus (Lacepède，1803)

鲿科 Bagridae

曾用名/别名/俗名：斑鳠、钳鱼、芝麻睑。

主要特征：背鳍Ⅱ-7；臀鳍10～13；胸鳍Ⅰ-9～10。体前部平扁，躯干部圆柱形。体裸露无鳞。背鳍第1硬刺短小，第2硬刺长，后缘有小刺，脂鳍发达后端圆突，底部游离，胸鳍硬刺的前、后缘都有锯齿。体背淡褐色，腹部苍白，身躯及尾鳍上、下叶常有分散的蓝黑色斑点。

生活习性：底栖鱼类；以小型水生动物为食。

分布情况：主要分布于南渡江澄迈段。

濒危状况：国家二级保护野生动物。

113. 海南纹胸鮡

Glyptothorax hainanensis (Nichols & Pope，1927)

鮡科 Sisoridae

英文名：Hainan bagrid catfish。

曾用名/别名/俗名：公鱼、角鱼。

主要特征：背鳍I-6；臀鳍Ⅲ-9；胸鳍I-7。头部平扁，腹部宽平，向后逐渐侧扁。须4对。体裸露无鳞，背鳍前缘光滑，后缘锯齿细小，脂鳍后缘游离。体暗褐色，腹面黄白色，体侧在背鳍下方、脂鳍下方以及尾柄处各具一宽大黑色横斑，斑上具有许多小黑点。

生活习性：底栖鱼类，常在急流中活动，用胸腹面发达的皱褶吸附于石上；以昆虫幼虫为主要食物。

分布情况：主要分布于南渡江上游及支流。

114. 斑海鲇

Arius maculatus (Thunberg，1792)

海鲇科 Ariidae

英文名：sea barbel。

主要特征：背鳍I-7；臀鳍Ⅲ-11；胸鳍I-10～11。体延长，头部略扁，腹部圆，后半部侧扁。须3对。体无鳞，具黏液。体背呈蓝褐色，体侧灰白色，腹部淡白色。各鳍略偏黄；脂鳍上具一大黑点。

生活习性：海洋底层鱼类，可进入河口咸淡水区；主要以小型鱼虾等水生动物为食。

分布情况：南渡江河口咸淡水水域。

115. 孔雀花鳉

Poecilia reticulata Peters，1859

英文名：guppy。

主要特征：背鳍7～8；臀鳍8～9；胸鳍13～14。体延长，前部略呈楔状，后部侧扁。体被有大型的圆鳞。体黄褐色，具有金色光泽，但体色的变异很大，常具有鲜丽的橘黄色或蓝青色斑纹。

生活习性：以藻类、水生昆虫及有机碎屑等为食。

分布情况：主要分布于南渡江下游湿地。

外来鱼类

116. 食蚊鱼

Gambusia affinis (Baird & Girard，1853)

花鳉科 Poeciliidae

英文名：mosquito fish。

曾用名/别名/俗名：大肚鱼。

主要特征：背鳍7～9；臀鳍9；胸鳍13～14。体形小，头及背缘较平直，腹部圆。无腹棱。上颌微突出。体背橄榄色，腹部银白色。

生活习性：主要摄食小型无脊椎动物。

分布情况：主要分布于南渡江支流。

外来鱼类

117. 鳍斑青鳉

Oryzias pectoralis Robert，1998

怪颌鳉科 Adrianichthyidae

英文名：rice fish。

曾用名/别名/俗名：桂系青鳉。

主要特征：背鳍Ⅰ-5；臀鳍16；胸鳍Ⅰ-9。体长，头及体背缘部较平直，腹缘圆突。口横裂。下颌微突出。体被较大的圆鳞。体背浅灰色，体侧及腹部色深，尾鳍末端圆弧形，尾鳍上下边缘的鳍条色彩多样，有红色、粉色、橙黄色等。

生活习性：生活于池沼及河川水流缓慢处，水草茂盛处尤多；主要摄食小型动植物。

分布情况：广泛分布于南渡江淡水水域。

外来鱼类

118. 弓背青鳉

Oryzias curvinotus (Nichols & Pope，1927)

主要特征：背鳍1～5；臀鳍25。体侧扁；头宽楔状，向前平扁；腹部窄。体被圆鳞。侧线不明显。头顶部暗色，背部中央有一暗色纵纹。体侧自尾鳍基部向前约伸达体中央有1条暗色纵纹。

生活习性：常见于水流缓慢处的近岸水域。

分布情况：主要分布于定安、海口段水域，稀少。

119. 尾斑圆尾鹤鱵

Strongylura strongylura (van Hasselt，1823)

鹤鱵科 Belonidae

英文名：spottail needlefish。

曾用名/别名/俗名：柱颌针鱼。

主要特征：背鳍12 ～ 15；臀鳍15 ～ 18。头部甚侧扁，尾柄侧扁，无侧隆起棱。两颌突出如喙，下颌长于上颌；主上颌骨之下缘在嘴角处突出于眼前骨之下方。体背蓝绿色，体侧银白色。尾鳍基底具一黑斑。

生活习性：常出现于河口或红树林区，甚至淡水水域；性凶猛，以小鱼为主食，尤其是鲱类。

分布情况：南渡江河口咸淡水水域。

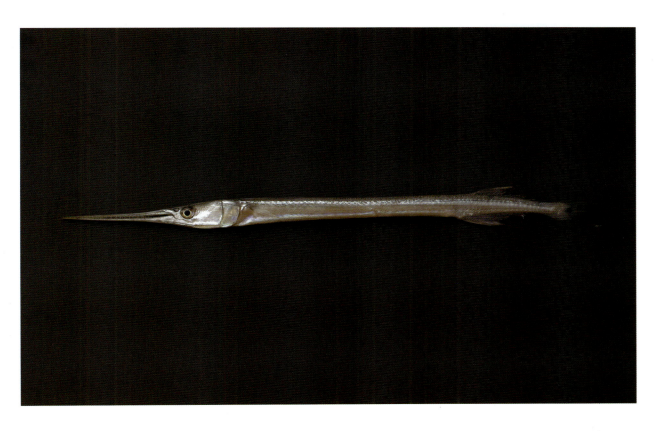

120. 乔氏吻鱵

Rhynchorhamphus georgii (Valenciennes，1847)

英文名：long-billed garfish。

主要特征：背鳍13～16；臀鳍13～16。体略呈扁柱形，鼻乳突呈丝状，下颌较上颌突出，成扁平长喙；上颌短小，呈三角形，中央隆起而呈弧状，被鳞。体被圆鳞，侧线下位，近腹缘。体背呈浅灰蓝色，腹部白色。

生活习性：常出现于沿岸或岛屿四周的表层水域，或开放的港湾。喜欢在较干净的水域活动；以水层中的浮游生物为食。

分布情况：南渡江河口咸淡水水域。

121. 斑鱵

Hemiramphus far (Forsskål，1775)

鱵科 Hemirhamphidae

英文名：spotted halfbeak。

主要特征：背鳍Ⅱ-11～12；臀鳍Ⅱ-9～10；胸鳍Ⅰ-10～11。体延长，侧扁。上颌短，突出成三角形，其上无鳞；下颌突出如喙。体背呈浅灰蓝色，腹部白色，体侧中间有1条银白色纵带，另有3～9条垂直暗斑；喙为黑色，前端有明亮的橘红色。

生活习性：主要栖息于沿岸或岛屿四周较干净的水域表层，也会出现在河口半咸淡水水域；以水层中的浮游生物为食。

分布情况：南渡江河口咸淡水水域。

122. 澳洲鱵

Hemiramphus robustus Günther，1866

英文名：three-by-two garfish。

曾用名/别名/俗名：钝鱵。

主要特征：背鳍Ⅱ–11～12；臀鳍Ⅱ–9；胸鳍11～12。体长，略呈扁柱形，侧扁。下颌延长，形成一扁平长喙。体被较大圆鳞。体灰棕色，背部浅褐色，腹部浅棕色。体侧自鳃孔后上方至尾鳍基部具一黑褐色纵带，沿体的上侧方具数个黑褐色大横斑。背鳍前方鳍条及尾鳍后缘为黑色，其余各鳍无色。

生活习性：栖息于河口咸淡水及沿岸中上层水域。

分布情况：南渡江河口咸淡水水域。

123. 异鳞鱵

Zenarchopterus buffonis (Valenciennes，1847)

英文名：buffonis halfbeak。

主要特征：背鳍11～12；臀鳍10～13。体延长，略侧扁。鼻乳突长而尖，且高耸突出于鼻孔。下颌较上颌突出；上颌短小，呈三角形，被鳞。体背呈浅灰蓝色，腹部白色；上颌之背中线有一暗褐色纵带，喙前方黑色。

生活习性：主要栖息于沿岸、潟湖或港湾水域表层，成群洄游，可进入河口区及河川下游；以水生昆虫为主食。

分布情况：南渡江河口咸淡水水域。

颌针鱼目 **Beloniformes**

124. 瓜氏下鱵

Hyporhamphus quoyi (Valenciennes，1847)

鱵科 **Hemirhamphidae**

英文名：Quoy's garfish。

主要特征：背鳍Ⅱ-12～15；臀鳍Ⅰ-13～15；胸鳍Ⅰ-11。体长筒形，背缘稍突起，腹缘较平坦。上颌与吻骨形成一三角形板，下颌突出形成一短粗下扁的喙。体背被圆鳞。侧线明显。体背翠绿色，体侧下方及腹面银白色，额顶及喙上暗绿色，体侧由胸鳍基部的上方至尾鳍基部有较窄的银白色纵带，胸鳍及臀鳍无色，喙的尖端鲜红色。

生活习性：栖息于中上层水域。

分布情况：南渡江河口咸淡水水域。

125. 带纹多环海龙

Hippichthys spicifer (Rüppell，1838)

海龙科 Syngnathidae

英文名：bellybarred pipefish。

主要特征：背鳍25～30；胸鳍15～18。体特别的延长和纤细，无鳞，由一系列的骨环所组成；躯干部的上侧棱与尾部上侧棱不相连接，下侧棱则与尾部相接，中侧棱则于臀部体环附近转向腹面，不与尾部相接。体呈暗灰绿色；头下侧白色；腹鳍和尾鳍黑色。体呈褐色，头下半部及躯干腹侧杂着暗色垂直带。

生活习性：主要栖息于河口、沼泽、沿岸河川下游等区域。

分布情况：南渡江河口咸淡水水域，数量稀少。

126. 克氏海马

Hippocampus kelloggi Jordan & Snyder，1901

海龙科 Syngnathidae

英文名：great seahorse。

主要特征：背鳍17～19；胸鳍17～19。头部与躯干部几成直角，无鳞，由一系列
的骨环所组成；顶冠中等高，不具尖锐棘，仅具较低之粗糙棱脊。体色
多样，包括淡粉红、黄色、绿色、灰褐色或深褐色等；体侧有时杂有黑
色斑驳或黑斑。

生活习性：主要栖息于具海藻床的礁石区或潟湖区，也会进入河口区域；以小型浮
游动物为食。

分布情况：南渡江河口咸淡水水域，数量稀少。

濒危状况：国家二级保护野生动物。

127. 三斑海马

Hippocampus trimaculatus Leach，1814

海龙科 Syngnathidae

英文名：three-spot seahorse。

主要特征：背鳍18～22；胸鳍16～19。头部与躯干部几成直角，无鳞，由一系列的骨环所组成。体色多样，包括金橘色、土黄色、深褐色或全黑色等；有些体侧则具有褐色及白色相间的斑马纹。

生活习性：主要栖息于具有海藻床的礁石区，亦可进入河口区域；以小型浮游动物为食。

分布情况：南渡江河口咸淡水水域，稀少。

濒危状况：国家二级保护野生动物。

128. 鯔

Mugil cephalus Linnaeus，1758

英文名：sea mullet。

曾用名/别名/俗名：西鱼。

主要特征：背鳍Ⅳ，Ⅰ-8；胸鳍16。体延长呈纺锤形，前部圆形而后部侧扁。脂眼睑发达。上颌骨直走而不弯曲，末端近于口角后缘。体背橄榄绿色，体侧银白色，腹部渐次转为白色，体侧有6或7条暗褐色带；眼球的虹膜具金黄色缘。除腹鳍为暗黄色外，各鳍有黑色小点。胸鳍基部的上半部有1个蓝斑。

生活习性：广盐性鱼类；以藻类及有机碎屑为食，也摄食浮游动物和小型贝壳类。

分布情况：南渡江灵山至河口咸淡水水域。

129. 棱鲛

Planiliza carinata (Valenciennes，1836)

鲻科 Mugilidae

鲻形目 Mugiliformes

英文名：carinate mullet。

曾用名/别名/俗名：棱龟鲛、西鱼。

主要特征：背鳍Ⅳ，Ⅰ–8；臀鳍Ⅲ–9；胸鳍15～16。体前部近圆筒形，背缘浅弧形，脂眼睑不发达。体被较大的弱栉鳞，头部被圆鳞。体背青灰色，腹部白色，体侧上部有多条灰黑色的纵带。背鳍和尾鳍灰黑色，臀鳍和腹鳍黄白色，胸鳍浅色。

生活习性：暖水性中小型鱼类；摄食底栖藻类、有机碎屑和部分浮游动物。

分布情况：南渡江灵山至河口咸淡水水域。

130. 鲹

Planiliza haematocheila (Temminck & Schlegel，1845)

鲻科 Mugilidae

英文名：so-iny mullet。

曾用名/别名/俗名：龟鲹、西鱼。

主要特征：背鳍Ⅳ，Ⅰ-8；臀鳍Ⅲ-9；胸鳍16～18。体延长，呈纺锤形，前部圆形而后部侧扁。脂眼睑不发达。上颌骨末端弯曲向下且宽大略呈方形，末端远于口角后缘。背鳍2个；胸鳍基部无蓝色斑驳或黑点，腋鳞发达。体背暗褐色，体侧银白色，腹部渐转为白色。除腹鳍为白色外，各鳍为橄榄绿色至暗色。胸鳍基部无色。

生活习性：暖温性底层鱼类；摄食有机碎屑、硅藻、蓝藻及浮游动物等。

分布情况：南渡江灵山至河口咸淡水水域。

131. 大鳞鲛

Chelon macrolepis (Smith，1846)

鲻科 Mugilidae

英文名：largescale mullet。

曾用名/别名/俗名：大鳞龟鲛、西鱼。

主要特征：背鳍Ⅳ，Ⅰ-8；臀鳍Ⅲ-9；胸鳍16。体延长，呈纺锤形，前部圆形而后部侧扁。体被大而厚的弱栉鳞，头部亦被颇大圆鳞。头部背面鳞片始于左右前鼻孔之间。体背暗褐色，体侧银白色，腹部渐转为白色。

生活习性：栖于河口咸淡水及沿岸浅水处，偶进入淡水水域；以有机碎屑和浮游生物为食。

分布情况：南渡江河口咸淡水水域。

鲻形目 Mugiliformes

132. 黄鳝

Monopterus albus (Zuiew，1793)

合鳃鱼科 Synbranchidae

英文名：rice swampeel。

曾用名/别名/俗名：鳝鱼。

主要特征：体细长而呈圆柱状，头部膨大，颊部隆起。吻短而扁平；口开于吻端，斜裂；上下颌均具齿。眼甚小，隐于皮下。无胸鳍与腹鳍；背鳍与臀鳍也都退化成皮褶，而与尾鳍相连。体裸露无鳞，富黏液；侧线完全。体背为黄褐色，腹部颜色较淡，全身有不规则黑斑纹。

生活习性：底层鱼类，广泛栖息于稻田、湖泊、河流等多种水体环境；肉食性。

分布情况：广泛分布于南渡江淡水水域。

133. 大刺鳅

Mastacembelus armatus (Lacepède，1800)

刺鳅科 Mastacembelidae

英文名：tiretrack eel。

曾用名/别名/俗名：嘎廖追。

主要特征：背鳍XXXⅢ～XXXⅣ－68～72；臀鳍Ⅲ－66～70；胸鳍13～14。体延长，侧扁而低，体形较大。尖突，吻细长。体和头均密被细小圆鳞。体呈灰褐色，背部灰黑色，腹部灰白色，头侧有1条黑色纵带经眼部达鳃盖后上方，体侧有许多不规则的斑块。

生活习性：栖息于砾石底的江河溪流中，常藏匿于石缝或洞穴中；以小型无脊椎动物和部分植物为食。

分布情况：广泛分布于南渡江淡水水域。

134. 日本魣

Sphyraena japonica Bloch & Schneider，1801

魣科 Sphyraenidae

英文名：Japanese barracuda。

主要特征：体延长，略侧扁，呈亚圆柱形。头长而吻尖突。体被小圆鳞。背鳍2个，彼此分离。体背部青灰蓝色，腹部呈白色；侧线下方无暗色纵带；腹鳍基部上方无小黑斑。尾鳍灰黄色；余鳍灰白色或淡色。

生活习性：喜栖息于近岸的开放水域；掠食性鱼类。

分布情况：南渡江河口咸淡水水域。

135. 四指马鲅

Eleutheronema tetradactylum (Shaw，1804)

马鲅科 Polynemidae

英文名：fourfinger threadfin。

曾用名/别名/俗名：偶鱼。

主要特征：背鳍Ⅷ，Ⅰ-13～15；臀鳍Ⅲ-14～16；胸鳍17～18+4。体延长而侧扁。头中大，前端圆钝。吻短而圆。眼较大，脂眼睑发达。体被栉鳞，胸鳍下部有4根细长的丝状游离鳍条；腹鳍前缘为黄色，其余部分为白色。

生活习性：暖水性鱼类；摄食桡足类、头足类及虾、幼鱼等。

分布情况：南渡江河口咸淡水水域。

136. 黑斑多指马鲅

Polydactylus sextarius (Bloch & Schnoider，1801)

马鲅科 Polynemidae

曾用名/别名/俗名：六指马鲅。

主要特征：背鳍Ⅷ，Ⅰ-13；臀鳍Ⅲ-12；胸鳍16+3。体延长而侧扁。头中大，前端圆钝。脂眼睑发达。体被栉鳞，两腹鳍间有1个三角形鳞瓣；侧线平直。胸鳍下部具有6枚游离的丝状软条。体背部灰绿色，体侧银白色；前端侧线具一污斑。各鳍灰色而略带黄色。

生活习性：栖息于沙泥底质环境，常成群洄游；以浮游动物或沙泥地中的软体动物为食。

分布情况：南渡江河口咸淡水水域。

137. 眶棘双边鱼

Ambassis gymnocephalus (Lacépède，1802)

双边鱼科 Ambassidae

英文名：bald glassy。

主要特征：背鳍I，Ⅶ～Ⅷ，I-8～9；臀鳍Ⅲ-9；胸鳍14～15。体长椭圆形，背缘弧度稍大，尾柄宽短。体被中等大的圆鳞。背鳍2个，基部相连，第一背鳍鳍膜上端无黑色。体背面灰黑色，腹部银白色，体侧自胸鳍末端至尾鳍基部有1条灰黑色的纵带。

生活习性：暖水性鱼类，栖息于河口、淡水江河下游或近海。

分布情况：南渡江河口咸淡水水域。

138. 古氏双边鱼

Ambassis kopsi Bleeker，1858

鲈形目 Perciformes

双边鱼科 Ambassidae

英文名：freckled hawkfish。

主要特征：背鳍Ⅰ，Ⅶ～Ⅷ，Ⅰ-8～9；臀鳍Ⅲ-9；胸鳍14～15。体长椭圆形，背缘弧度稍大，尾柄宽短。体被中等大的圆鳞。背鳍2个，基部相连，第一背鳍鳍膜上端黑色。体背面灰黑色，腹部银白色，体侧自胸鳍末端至尾鳍基部有1条灰黑色的纵带。

生活习性：暖水性鱼类，栖息于河口、淡水江河下游或近海。

分布情况：南渡江河口咸淡水水域。

139. 小眼双边鱼

Ambassis miops Günther，1872

双边鱼科 Ambassidae

主要特征：背鳍Ⅰ，Ⅶ，Ⅰ-9；臀鳍Ⅲ-9～10。体呈长椭圆形，侧扁。口大，斜裂。眶前骨及前鳃盖骨均双重缘，具细齿或小棘；眶上骨1棘；鳃盖骨后缘无棘。体被圆鳞，易脱落；侧线完全。体透明而散有黑色素点；背鳍硬棘部及尾鳍皆具黑缘。

生活习性：主要栖息于沿岸、沼泽、红树林等；以水生昆虫及小型鱼介贝类为食。

分布情况：南渡江河口咸淡水水域。

140. 中国少鳞鳜

Coreoperca whiteheadi Boulenger，1900

鲈形目
Perciformes

曾用名/别名/俗名：辐纹鳜。

主要特征：背鳍 XⅢ～XⅣ-13；臀鳍 Ⅲ-11；胸鳍 13。体长圆形，侧扁，背缘、腹缘弧形突出，口斜裂，上、下颌等长或下颌稍突出。头顶部无鳞，头部及体黄褐色或棕褐色，头部有3条斜纹从眼后辐射至鳃盖边缘，鳃盖后端有1个黑斑，腹鳍灰黑色。

生活习性：凶猛性肉食鱼类。

分布情况：主要分布于南渡江上游白沙、龙州河上游屯昌，稀少。

濒危状况：近危鱼类。

141.点带石斑鱼

Epinephelus coioides (Hamilton，1822)

鲉科 Serranidae

英文名：orange-spotted grouper。

主要特征：背鳍Ⅺ–14～16；臀鳍Ⅲ–8。体呈长椭圆形，侧扁而粗壮。头背部斜直；前鳃盖骨后缘具锯齿。鳃盖骨后缘具3个扁棘。体被细小栉鳞。头部及体背侧黄褐色，腹侧淡白；头部、体侧及奇鳍散布许多橘褐色或红褐色小点；体侧另具5条不显著、不规则、斜的及腹侧分叉的暗横带。

生活习性：海洋鱼类，主要栖息于水质较浑浊的沿岸礁区，亦常被发现于河口区域；以鱼类及甲壳类为食；具性转换现象，先雌后雄。

分布情况：南渡江河口咸淡水水域。

142. 尖吻鲈

Lates calcarifer (Bloch，1790)

尖吻鲈科 Latidae

英文名：sea bass。

曾用名/别名/俗名：金目鲈、剑鳝。

主要特征：背鳍Ⅶ，Ⅰ－11；臀鳍Ⅲ－8；胸鳍15。体长而侧扁，腹缘平直。口大，下颌略突出。眶前骨与前鳃盖骨均无锯齿之双重边缘，被细小栉鳞。体呈银白色，体背侧灰褐色至蓝灰色，各鳍灰黑色或淡色。

生活习性：暖水性沿岸鱼类，可进入江河淡水生活；以小型鱼类、无脊椎动物为食。

分布情况：南渡江河口咸淡水水域。

143. 斑鱚

Sillago aeolus Jordan & Evermann，1902

鱚科 Sillaginidae

英文名：oriental sillago。

曾用名/别名/俗名：杂色鱚。

主要特征：背鳍Ⅺ，Ⅰ-18 ~ 20；臀鳍Ⅱ-17 ~ 19。体呈长圆柱形，略侧扁。体被小型栉鳞，鳞片易脱落。侧线完全。背鳍2个。头部至体背侧土褐色至淡黄褐色，腹侧青灰色，腹部近于白色；体侧散布不规则的污斑。

生活习性：海洋鱼类，主要以底栖多毛类、长尾类、端足类、糠虾类等为食。

分布情况：南渡江河口咸淡水水域。

144. 多鳞鱚

Sillago sihama (Forskål，1775)

鱚科 Sillaginidae

英文名：silver sillago。

曾用名/别名/俗名：沙丁鱼。

主要特征：背鳍Ⅺ，Ⅰ-20～22；臀鳍Ⅱ-21～23；胸鳍15～18。体呈长圆柱形，略侧扁。体被小型栉鳞，鳞片易脱落。侧线完全。背鳍2个。头部至体背侧土褐色至淡黄褐色，腹侧灰黄色，腹部近于白色。各鳍透明；背鳍软条部具有不明显的黑色小点；胸鳍基部无黑斑。

生活习性：主要栖息于泥沙底质的沿岸沙滩或内湾水域，也会出现在河口下游的感潮带半咸淡水水域河段；主要摄食多毛类、长尾类、端足类、糠虾类等。

分布情况：南渡江河口咸淡水水域。

145. 六带鲹

Caranx sexfasciatus Quoy & Gaimard，1825

鲹科 Carangidae

英文名：six banded trevally。

主要特征：背鳍Ⅰ，Ⅷ，Ⅰ－21；臀鳍Ⅱ，Ⅰ－17～18；胸鳍21～22。体呈长椭圆形，侧扁而高。眼前、后缘的脂眼睑较发达。下颌突出。体被小圆鳞。体灰色，略带浅黄色，腹部浅色，自吻端沿鼻孔和眼背缘至鳃孔后上角有1条灰色的细带，鳃盖骨上方侧线开始处有1个黑斑，第一背鳍灰黑色，端部深黑色。

生活习性：主要栖息于近沿海礁石底质水域；以鱼类及甲壳类为食。

分布情况：南渡江河口咸淡水水域。

146. 杜氏鰤

Seriola dumerili (Risso，1810)

鲹科 Carangidae

英文名：purplish amberjack。

曾用名/别名/俗名：高体鰤、章红鱼。

主要特征：体呈长圆形，腹面圆。无离鳍。尾柄处有凹槽。体背蓝灰色至橄榄色，腹面银白色至淡褐色。体侧另具1条黄色纵带，但有时不明显。各鳍色暗，尾鳍下叶末端淡色或白色。

生活习性：主要栖息于较深礁区水域，偶尔可发现于近岸内湾区；主要以无脊椎动物及小鱼为食。

分布情况：南渡江河口咸淡水水域。

147. 布氏鲳鲹

Trachinotus blochii (Lacepède，1801)

鲹科 Carangidae

英文名：snubnose pompano。

曾用名/别名/俗名：金鲳。

主要特征：体高而侧扁；尾柄短细，侧扁。头部除眼后部有鳞以外均裸露，身体和胸部鳞片多埋于皮下。背部蓝青色，腹部银色，体侧无黑色斑点，奇鳍边缘浅黑色。

生活习性：成鱼栖息于沿岸礁石底质水域，而幼鱼则栖息于近沿岸沙泥底质水域或沙泥底质的内湾；主要摄食小型动物、浮游生物、甲壳类等。

分布情况：南渡江河口咸淡水水域。

148. 棘头梅童鱼

Collichthys lucidus (Richardson，1844)

英文名：big head croaker。

主要特征：体延长，侧扁，头钝圆；体侧有圆形小发光颗粒。前鳃盖后缘具锯齿。头及体皆被圆鳞。体侧上半部紫褐色，下半部银白带金黄色，发光颗粒为金黄色；上下颌前端具褐色斑；背鳍褐色；臀鳍、腹鳍及胸鳍为金黄色；眼顶部有一黑斑。

生活习性：主要栖息于沙泥底质中下层水域；以小型甲壳类等底栖动物为食。

分布情况：南渡江河口咸淡水水域。

149. 团头叫姑鱼

Johnius amblycephalus (Bleeker，1855)

石首鱼科 Sciaenidae

英文名：bearded jewfish。

主要特征：体延长，侧扁。上颌长于下颌。前鳃盖后缘具锯齿。头部至尾鳍、背鳍软条部、臀鳍及尾鳍皆被圆鳞。体上半部黑褐色，下半部深褐色有银白光，鳍皆深褐色，尾鳍末梢黑色；鳃盖青紫色，在两扁棘间有一不显暗斑。

生活习性：主要栖息于沿岸沙泥底质水域，大多栖息于浅水域，会进入河口区；以底栖生物为食；夜行性鱼类。

分布情况：南渡江河口咸淡水水域。

150. 勒氏枝鳔石首鱼

Dendrophysa russelii (Cuvier，1829)

石首鱼科 Sciaenidae

鲈形目 Perciformes

英文名：goatee croaker。

主要特征：背鳍 X，I－25～27；臀鳍 II－7；胸鳍15～17。头及体被栉鳞，吻及颊部被圆鳞，背鳍、臀鳍及尾鳍有部分鳍膜被小圆鳞。体背侧浅灰色，腹侧银白色。背鳍鳍棘部黑色，其余各鳍为淡黄色，背鳍前方有1个菱形的大黑斑，尾柄背部灰色。

生活习性：暖水性底层鱼类，栖息于河口咸淡水水域及沿岸浅水区；主要摄食小虾等。

分布情况：南渡江河口咸淡水水域。

151. 浅色黄姑鱼

Nibea coibor (Hamilton，1822)

石首鱼科 Sciaenidae

英文名：Chu's drums。

曾用名/别名/俗名：南风鱼。

主要特征：背鳍Ⅹ，Ⅰ-29～30；臀鳍Ⅱ-7；胸鳍17。体延长，侧扁，口斜裂，上下颌几乎等长或上颌稍长。体及头部被栉鳞，体银灰色，背部颜色较深，鳞片上具有许多小黑点。背鳍鳍棘部的鳍膜浅灰色，背缘黑色，有许多黑点，背鳍鳍条部上方灰色，每一鳍条基部具一黑色斑点，在背鳍鳍条中部有1个浅色纵行条纹。

生活习性：暖水性鱼类，栖息于近岸底层水域，有时可生活在咸淡水交界处，亦可进入淡水水域。

分布情况：南渡江河口咸淡水水域。

152. 黄姑鱼

Nibea albiflora (Richardson，1846)

英文名：white flower croaker。

主要特征：背鳍 X，$I-28 \sim 31$；臀鳍 $II-7 \sim 8$；胸鳍 $16 \sim 19$。体延长，侧扁，背部稍隆起。体侧上半部紫褐色，下半部银白色带橙黄色，体侧每一鳞片都有褐斑，呈现向前下方倾斜的条纹。背鳍基部黑褐色，鳍条浅褐色，边缘深褐色，每一鳍条基部前缘皆有一深褐色点；尾鳍浅黄褐色；臀鳍及腹鳍黄色有褐色细斑；胸鳍浅褐色，基部内缘有黑斑。鳃盖青紫色。

生活习性：主要栖息于沙泥底质较浅沿岸海域；以小型甲壳类及小鱼等底栖动物为食。

分布情况：南渡江河口咸淡水水域。

153. 黑斑绯鲤

Upeneus tragula Richardson，1846

须鲷科 Mullidae

英文名：red mullet。

主要特征：背鳍Ⅷ－9；臀鳍7；胸鳍12～14。体延长而稍侧扁，呈长椭圆形。头中大；口小，下位；吻圆钝。颏部缝合处具一对长须。侧线完全。背鳍2个，分离。头部及体侧自吻端经眼至尾鳍基部具一红褐色至黑色的纵带，纵带上方之体侧呈褐色至灰绿色，并且散布许多红褐色或黑色小点，纵带下方之体侧呈银白色，并且有数条暗色点带。

生活习性：主要栖息于珊瑚礁区外缘的沙泥底质海域，经常进入河口区域；主要觅食底栖的软体动物及甲壳类。

分布情况：南渡江河口咸淡水水域。

154. 日本绯鲤

Upeneus japonicus (Houttuyn，1782)

须鲷科 Mullidae

英文名：red mullet goatfish。

主要特征：背鳍Ⅷ–9；臀鳍7；胸鳍13～14。体延长而稍侧扁，呈长椭圆形。颏部缝合处具1对长须。体被中大栉鳞，易脱落；侧线完全。背鳍2个，分离。体上半部浅红色，下半部白色，头上半部与尾鳍下半部较红；背鳍有数条水平红色带；尾鳍上半叶有数条宽红色带；胸鳍与腹鳍浅红色，臀鳍颜色较淡。

生活习性：广泛分布于沿岸及近海沙泥底质区域，主要觅食底栖软体动物及甲壳类。

分布情况：南渡江河口咸淡水水域。

155. 静仰口鲾

Secutor insidiator (Bloch，1787)

鲾科 Leiognathidae

英文名：slender soapy。

曾用名/别名/俗名：乐仔。

主要特征：背鳍Ⅷ-16；臀鳍Ⅲ-14；胸鳍17。体卵圆形而侧扁，腹部轮廓较背部突，尾柄较短。眼前上缘有1根小棘。体背部银蓝色，腹部银白色，眼下缘至上颌后缘有1条黑纹，背部有十数条以上不规则的蓝色斑纹所连成的横纹，胸鳍、尾鳍黄色，其余各鳍灰白色。

生活习性：主要栖息于沙泥底质的沿海地区，亦可生活于河口区；主要以小型甲壳类为食。

分布情况：南渡江河口咸淡水水域。

156. 鹿斑仰口鲾

Secutor ruconius (Hamilton，1822)

鲾科 Leiognathidae

鲈形目 Perciformes

英文名：silver belly。

曾用名/别名/俗名：乐仔。

主要特征：背鳍Ⅶ～Ⅷ-16；臀鳍Ⅲ-14；胸鳍16～18。体卵圆形而侧扁，腹部轮廓较背部突。眼口极小，可向前上方伸出；吻尖突。侧线明显。体背灰色，体侧银白色。体背约具10条连续的暗色垂直横带。自眼前端至颌部具一黑纹。胸鳍基部下侧黑色。

生活习性：主要栖息于沙泥底质的沿海地区，亦可生活于河口区，甚至河川下游；主要以小型甲壳类为食。

分布情况：南渡江河口咸淡水水域。

157. 短吻鲾

Leiognathus brevirostris (Valenciennes，1835)

鲾科 Leiognathidae

英文名：shortnose ponyfish。

曾用名/别名/俗名：乐仔。

主要特征：背鳍Ⅷ-16；臀鳍Ⅲ-14；胸鳍16～17。体长卵圆形，头较小，项部和背部高起。头部和胸部无鳞。臀鳍和背鳍的基部有许多小棘。体银色，项部有1个暗黄棕色的鞍斑，自眼上缘至尾鳍基部有1条黄色纵带，背鳍棘的上半部有1个深黑斑，尾鳍下叶后半部黄色。

生活习性：暖水性鱼类，成群出现，常出现在河口的咸水域；捕食小型甲壳类、多毛类。

分布情况：南渡江河口咸淡水水域。

158. 短棘鲾

Leiognathus equulus (Forskål，1775)

鲾科 Leiognathidae

英文名：slimy soapy。

曾用名/别名/俗名：乐仔。

主要特征：背鳍Ⅷ－16；臀鳍Ⅲ－14；胸鳍20。体卵圆形而侧扁，体高颇高。体被圆鳞。侧线明显。体背灰色，体侧银白色。体侧上半部另具排列紧密但不显明的垂直黑带。尾柄背部另具1条灰褐色斑纹。吻端具黑点。背鳍软条部鳍缘黑色；胸鳍灰色而具暗色缘；尾鳍后缘灰色到暗黄色。

生活习性：暖水性鱼类，栖息于近海及河口咸淡水交界水域中，亦能进入淡水水域；一般在底层活动觅食，以小型鱼类、甲壳类、底栖动物、浮游动物为食。

分布情况：南渡江河口咸淡水水域。

159. 圈项鲾

Nuchequula mannusella Chakrabarty & Sparks，2007

鲾科 Leiognathidae

英文名：shortnose slipmouth。

主要特征：体椭圆形而侧扁，背部、腹部轮廓相当。口小，可向下方伸出。前鳃盖下缘具细锯齿。侧线明显。体背银灰色，体侧银白色；体背具垂直波浪状斑纹，延伸至侧线上方。头颈部具一明显黑褐色斑。胸鳍下方扩散至腹部另具一金黄色斑。

生活习性：主要栖息于沙泥底质的沿海地区，亦可生活于河口区；杂食性，以小型甲壳类、多毛类及藻类为食。

分布情况：南渡江河口咸淡水水域。

160. 项斑项鲾

Nuchequula nuchalis (Temminck & Schlegel，1845)

鲾科 Leiognathidae

英文名：pony fish。

主要特征：背鳍Ⅷ～Ⅸ-15～17；臀鳍Ⅲ-13～15；胸鳍16～20。体卵圆形而侧扁。体背灰褐色，体侧浅黄色。体侧有2条黄褐带。吻端具细点构成的褐色斑。背鳍硬棘上部有黑斑；腹鳍及臀鳍前部淡黄色；胸鳍灰色或色淡；尾鳍后缘灰色到暗黄色。

生活习性：主要栖息于沙泥底质的沿海地区，亦可生活于河口区；主要以小型甲壳类、多毛类及小鱼为食。

分布情况：南渡江河口咸淡水水域。

161. 长棘银鲈

Gerres filamentosus Cuvier，1829

银鲈科 Gerridae

英文名：whipfin silverbiddy。

曾用名/别名/俗名：白翅。

主要特征：背鳍Ⅸ - 10；臀鳍Ⅲ - 7；胸鳍15 ~ 17。体呈长卵圆形而高。体被薄圆鳞，易脱落；背鳍及臀鳍基底具鳞鞘。侧线完全，呈弧状。背鳍单一，第2棘最长且延长如丝，末端达软条部中部。体呈银白色，有7 ~ 10列由淡青色斑点形成的点状横带。各鳍皆淡色或有白缘，或有黑缘。

生活习性：暖水性鱼类，栖息于近海及河口咸淡水水域；主要掘食在沙泥底中的底栖生物。

分布情况：南渡江河口咸淡水水域。

162. 短棘银鲈

Gerres limbatus Cuvier，1830

银鲈科 Gerridae

英文名：saddleback silver-biddy。

主要特征：背鳍Ⅸ－10；臀鳍Ⅲ－7；胸鳍15。体呈长卵圆形而略高。体被薄圆鳞，易脱落。侧线完全。体呈银白色，背部较暗。体侧具有4条由背缘延伸至体中央的宽斑块。背鳍淡黄色；尾鳍淡黄色，具暗色缘；臀鳍淡橘色，后部稍暗；胸鳍淡黄色，末缘淡色。

生活习性：生活在河口与沿岸的潮汐水域；摄食生活在泥、沙底部上的小型动物。

分布情况：南渡江河口咸淡水水域。

163. 紫红笛鲷

Lutjanus argentimaculatus (Forskål，1775)

笛鲷科 Lutjanidae

英文名：red snapper。

曾用名/别名/俗名：红友。

主要特征：背鳍Ⅹ–13；臀鳍Ⅲ–8；胸鳍17。体呈长椭圆形，背缘和腹缘圆钝，背缘稍呈弧状弯曲。体被中大栉鳞，颊部及鳃盖具多列鳞。侧线完全。体为红褐色至深褐色，幼鱼时体侧则有7～8条银色横带，随成长而消失。

生活习性：栖息于近海及河口低盐度水域，有时进入河川下游淡水中；以小型鱼类、无脊椎动物为食。

分布情况：南渡江河口咸淡水水域。

164. 约氏笛鲷

Lutjanus johni (Bloch，1792)

笛鲷科 Lutjanidae

英文名：one spot snapper。

主要特征：背鳍 X − 13 ~ 14；臀鳍 Ⅲ − 7 ~ 8；胸鳍15。体长椭圆形，背缘和腹缘圆钝。体被中大栉鳞，颊部及鳃盖具多列鳞。侧线完全。体背灰褐色，体侧黄色，腹部银白色。体侧鳞片中央具一小黑点，各黑点相连成点带而与侧线平行；体侧在背鳍软条部起点的下方具一大黑斑，黑斑的2/3在侧线上方。

生活习性：栖息于沿岸礁区；幼鱼有时可发现于红树林区、河口；主要摄食蟹类、虾类及其他底栖甲壳类。

分布情况：南渡江河口咸淡水水域。

165. 勒氏笛鲷

Lutjanus russellii (Bleeker，1849)

英文名：snapper。

主要特征：背鳍X–14～15；臀鳍III–8；胸鳍16～17。体长椭圆形，背缘呈弧状弯曲。体侧褐色至红褐色，腹部银白色；体侧约有8条黄褐色纵带，有时不明显；体侧在背鳍鳍条部下方具一大黑斑，黑斑的2/3在侧线上方。背鳍、尾鳍红褐色；腹鳍、臀鳍黄色。

生活习性：成鱼主要栖息于外礁区；幼鱼有时可发现于红树林区、河口或河川下游区；以鱼类及甲壳类为主食，夜间觅食。

分布情况：南渡江河口咸淡水水域。

鲈形目 Perciformes

166. 单斑笛鲷

Lutjanus monostigma (Cuvier，1828)

笛鲷科 Lutjanidae

英文名：onespot snapper。

主要特征：背鳍 X – 13 ~ 14；臀鳍Ⅲ – 8。体长椭圆形。两眼间隔平坦。体被中大栉鳞，颊部及鳃盖具多列鳞。背鳍软硬鳍条部之间无明显深刻；臀鳍基底短而与背鳍软条部相对。体浅褐色，体侧无任何纵带，但体侧侧线上有一黑斑。各鳍黄色或颜色较淡。

生活习性：主要栖息于珊瑚礁区，偶尔也进入河口区域；主要以鱼类或底栖甲壳类为食。

分布情况：南渡江河口咸淡水水域。

167. 金焰笛鲷

Lutjanus fulviflamma (Forsskål，1775)

笛鲷科 Lutjanidae

英文名：snapper。

曾用名/别名/俗名：火焰笛鲷。

主要特征：背鳍X - 12 ~ 14；臀鳍Ⅲ - 8；胸鳍16。体长椭圆形，背缘呈弧状弯曲。体侧黄褐色至黄色，腹部银红色至粉红色；体侧具6 ~ 7条黄色纵带；体侧在背鳍软条部的下方具一大黑斑，黑斑的2/3在侧线下方。

生活习性：栖息于沿岸礁区；幼鱼有时可发现于红树林区、河口或河川下游；主要摄食鱼类、虾类及其他底栖甲壳类。

分布情况：南渡江河口咸淡水水域。

168. 二长棘犁齿鲷

Evynnis cardinalis Lacepède，1820

鲷科 Sparidae

英文名：threadfin porgy。

主要特征：背鳍Ⅻ－10；臀鳍Ⅲ－9；胸鳍15。体卵圆形，侧扁，背缘隆起，腹缘圆
　　　　　钝。体被薄栉鳞，背鳍及臀鳍基部均具鳞鞘。侧线完整。体呈鲜红色带
　　　　　银色光泽，在体侧有数列纵向且显著的钴蓝色点状线纹。

生活习性：栖息于沿海近岸的沙泥底质水域；以小鱼、小虾或软体动物为主食。

分布情况：南渡江河口咸淡水水域。

169. 灰鳍棘鲷

Acanthopagrus berda (Forskål，1775)

鲷科 Sparidae

英文名：pickey bream。

曾用名/别名/俗名：灰鳍鲷、黑脚立。

主要特征：背鳍Ⅺ-11；臀鳍Ⅲ-8～9；胸鳍15～16。体背缘弧形突起。上下颌约等长，或上颌稍长于下颌。体被弱栉鳞。体灰黑色，头部黑色，每枚鳞片基部黑色，除胸鳍外，其余各鳍均呈灰黑色，臀鳍鳍膜的中部有数条黑斑。

生活习性：常在河口的红树林区或堤防区附近活动；广盐性鱼类；杂食性。

分布情况：南渡江河口咸淡水水域。

170. 黄鳍棘鲷

Acanthopagrus latus (Houttuyn，1782)

鲷科 Sparidae

英文名：yellow sea bream。

曾用名/别名/俗名：黄鳍鲷、黄脚立。

主要特征：背鳍Ⅺ–11；臀鳍Ⅲ–8～9；胸鳍14～15。体高而侧扁，体呈椭圆形，背缘隆起，腹缘圆钝。体被薄栉鳞。侧线完整。体呈灰白色至淡色，体侧具金黄色点状纵带。背鳍灰色至透明无色；胸鳍、腹鳍及臀鳍呈鲜黄色，有时在鳍膜间具黑纹；尾鳍灰色具暗色缘，下叶具黄色光泽。

生活习性：栖息于沿岸及河口区，也能上溯至淡水水域；以多毛类、软体动物、甲壳类、棘皮动物及其他小鱼为主食。

分布情况：南渡江河口咸淡水水域。

171. 黑棘鲷

Acanthopagrus schlegelii (Bleeker，1854)

鲷科 Sparidae

英文名：black sea bream。

主要特征：背鳍Ⅺ-11；臀鳍Ⅲ-8～9；胸鳍14～15。体高而侧扁，体椭圆形，背缘隆起，腹缘圆钝。体被薄栉鳞。侧线完整。体灰黑色而有银色光泽，有若干不太明显的暗褐色横带；侧线起点近主鳃盖上角及胸鳍腋部各具一黑点。除胸鳍为橘黄色外，其余各鳍均为暗灰褐色。

生活习性：底栖鱼类，广盐性，常在河口区域附近活动；杂食性。

分布情况：南渡江河口咸淡水水域。

172. 斑头肩鳃鳚

Omobranchus fasciolatoceps (Richardson，1846)

鳚科 Blenniidae

英文名：blenny。

主要特征：背鳍XII－19；臀鳍II－21；胸鳍13。体延长，无鳞。背鳍长，腹鳍喉位。体黄绿色，体侧具数道不明显的深色横带，特征是头部上方具一明显的皮质头冠。

生态习性：常栖息于河口区竹筏、石块下方等区域；善跳跃，警觉性高；杂食性，以藻类及浮游动物为主食。

分布情况：南渡江河口横沟河段。

173. 凶猛肩鳃鳚

Omobranchus ferox (Herre，1927)

鳚科 **Blenniidae**

英文名：gossamer blenny。

主要特征：背鳍Ⅻ～ⅫⅠ-20～22；臀鳍Ⅱ-23～24；胸鳍13。体长椭圆形，稍侧扁；间鳃盖骨之腹后侧有突起，向后超过上舌骨之后缘。头顶无冠膜，头无须。体淡黄色，头部偏暗；眼后方有一白色垂直斑纹，体侧具不明显黑褐色横带；各鳍色淡。雄鱼背鳍末端具一眼斑。

生活习性：主要栖息于红树林沼泽区或河口区域，也会进入纯淡水区域；以小型水生动物为食。

分布情况：南渡江河口横沟河段。

174. 斑点肩鳃鳚

Omobranchus punctatus (Valenciennes，1836)

鳚科 Blenniidae

英文名：spotted oyster blenny。

主要特征：背鳍Ⅺ～Ⅻ - 22～24；臀鳍Ⅱ- 24～26；胸鳍13。体长椭圆形，稍侧扁。头顶无冠膜，头无须。雄鱼头部有3条暗带环绕，眼前、眼后与鳃盖各具1条；颈部两侧具黑斑；体侧背部有数条黑色纵线，随后有深色横带；各鳍皆为灰黑色，胸鳍基部有一大暗斑；雌鱼与雄鱼相同，但体侧纵纹不明显，横带却很清晰。

生活习性：主要栖息于河口及近岸岩石区。

分布情况：南渡江河口横沟河段。

175. 短头跳岩鳚

Petroscirtes breviceps (Valenciennes，1836)

鳚科 Blenniidae

英文名：short-headed blenny。

主要特征：背鳍Ⅹ～Ⅺ－17～20；臀鳍Ⅱ－19～20；胸鳍14。体长形；鳃孔完全在胸鳍基上方。体色多变，一般为灰黄色至灰褐色；头与体具小褐斑，体侧另有数条不明显的淡褐色横带，体侧中央上方自眼至尾鳍有一宽黑褐色带，下颌至臀鳍有一不明显的淡褐纹；背鳍基部有一黑带；尾鳍、腹鳍和胸鳍灰白色。

生活习性：主要栖息于沿岸珊瑚礁区或河口区；主要摄食藻类、碎屑和小型无脊椎动物。

分布情况：南渡江河口横沟河、海甸溪段。

176. 大斑石鲈

Pomadasys maculates (Bloch，1793)

石鲈科 Haemulidae

英文名：saddle grunter。

主要特征：背鳍Ⅻ－13～15；臀鳍Ⅲ－7；胸鳍17。体侧扁，呈长椭圆形。体被薄栉鳞。侧线完整。体呈银白色，背部呈银灰色，胸鳍以上有数条黑色斜带，背鳍硬棘部具黑色斑驳，背鳍、尾鳍具黑缘，各鳍呈黄色。

生活习性：主要栖息于沿岸靠近礁石的沙泥底质海域；以小鱼、虾、甲壳类或沙泥底中的软体动物为主食。

分布情况：南渡江河口咸淡水水域。

177. 横带髭鲷

Hapalogenys analis Richardson，1845

英文名：sweetlip。

曾用名/别名/俗名：臀斑髭鲷。

主要特征：体长椭圆形，侧扁。体被小栉鳞。侧线完全，与背缘平行。体呈淡褐色，体侧具6条暗褐色横带。腹鳍黑色；背鳍及臀鳍硬棘部鳍膜暗褐色至黑色；背鳍软条部、尾鳍及臀鳍软条部黄色而具黑缘。

生活习性：通常喜好成群游动，白天躲藏在洞穴中，夜间外出捕食；主要以底栖甲壳类、鱼类及贝类等为食。

分布情况：南渡江河口咸淡水水域。

鲈形目 Perciformes

178. 突吻鯻

Rhynchopelates oxyrhynchus (Temminck & Schlegel，1842)

鯻科 Terapontidae

英文名：thornfish。

曾用名/别名/俗名：尖吻鯻。

主要特征：背鳍XII－10；臀鳍III－8；胸鳍13～14。体延长，侧扁。体呈灰白色，腹部白色；体侧具有4条较粗的深褐色纵带，纵带间各有1条不明显的细褐带。背鳍基底有一纵纹，硬棘部尖端皆具褐色斑块；软条部鳍条间具褐色斑，鳍膜微黄色；胸鳍略长，鳍膜灰白色带黄色；尾鳍内凹，鳍条有褐色线纹，鳍膜淡黄褐色。

生活习性：近岸暖水性鱼类，主要栖息于沿海及河口区；主要以小型水生昆虫及底栖无脊椎动物为食。

分布情况：南渡江河口咸淡水水域。

179. 细鳞鯻

Terapon jarbua (Forsskål，1775)

英文名：jarbua terapon。

曾用名/别名/俗名：花身鯻、排九、茂公。

主要特征：背鳍Ⅺ－Ⅰ－10；臀鳍Ⅲ－8；胸鳍12～13。体背缘中间尖突如嵴状。上下颌等长。体被细栉鳞。体侧有3条成弓形的黑色纵走带，以腹部为弯曲点，其最下面一条由头部起经尾柄侧面中央达尾鳍后缘中央；背鳍硬棘间具一大型黑斑，软条上有2～3个小黑斑；尾鳍上下叶有斜走向的黑色条纹。

生活习性：主要栖息于沿海、河川下海及河口区域；主要以小型鱼类、甲壳类及底栖无脊椎动物为食，也摄食一些藻类。

分布情况：南渡江河口咸淡水水域。

180. 四线列牙鯻

Pelates quadrilineatus (Bloch，1790)

鯻科 Terapontidae

英文名：trumpeter perch。

曾用名/别名/俗名：四线牙鯻。

主要特征：背鳍Ⅻ－10；臀鳍Ⅲ－10；胸鳍12～15。体长椭圆形，侧扁。体被细小栉鳞。体呈银白色，体背侧较暗。体侧具4条细长且互相平行的黄褐色纵带；背鳍起点前下方及鳃盖后上角具一不显黑斑；背鳍硬棘的鳍膜具一大黑斑。各鳍灰白色至淡黄色。

生活习性：栖息于近海及河口咸淡水交界处；主要以小型水生昆虫及底栖无脊椎动物为食。

分布情况：南渡江河口咸淡水水域。

181. 斑点鸡笼鲳

Drepane punctata (Linnaeus，1758)

鸡笼鲳科 **Drepanidae**

英文名：spotted sicklefish。

主要特征：背鳍Ⅰ，Ⅸ－20～21；臀鳍Ⅲ－17～18；胸鳍17。体近菱形，侧扁而高。前鳃盖下缘具锯齿。体被圆鳞。体背浅蓝色，腹部浅色，体侧有深蓝色斑点，排列成数条横带，各鳍黄绿色，背鳍鳍条部具2纵行深色斑点。

生活习性：栖息于沙泥底质水域，常出没在港口、沙洲等地；主要以底栖无脊椎动物为食。

分布情况：南渡江河口咸淡水水域。

182. 银大眼鲳

Monodactylus argenteus (Linnaeus, 1758)

鲾鱼科 Psettidae

英文名：silver moonfish。

主要特征：背鳍Ⅶ～Ⅷ-28～29；胸鳍17。体高而侧扁，卵圆形，或近圆形。体被小弱栉鳞，成鱼体呈银白色，幼鱼体呈银灰色，由项部斜穿过眼至喉部有1条暗褐色窄横带，背鳍与臀鳍的镰状突出部呈黑色，鳍条部分及尾鳍为淡黄色，尾鳍后缘为暗褐色。

生活习性：栖息于近岸河口附近水域，亦可进入淡水中；主要滤食浮游动物。

分布情况：南渡江河口咸淡水水域。

183. 金钱鱼

Scatophagus argus (Linnaeus，1766)

金钱鱼科 **Scatohagidae**

英文名：spotted scad。

曾用名/别名/俗名：金鼓鱼。

主要特征：背鳍Ⅰ，Ⅺ～Ⅻ－15～17；臀鳍Ⅳ－13～15；胸鳍16～18。头较小。上下颌约等长，或下颌稍短。体被细小的栉鳞。成鱼体褐色，腹缘银白色；体侧具大小不一的椭圆形黑斑；背鳍、臀鳍及尾鳍具有小斑点。幼鱼时体侧黑斑多而明显。

生活习性：栖息于近岸岩礁处，常进入河口区或淡水里；主要以蠕虫、小型甲壳类、藻类碎屑等为食；背鳍硬棘有毒性。

分布情况：南渡江河口咸淡水水域。

184. 多纹钱蝶鱼

Selenotoca multifasciata (Richardson，1846)

金钱鱼科 Scatohagidae

英文名：spotbanded scat。

曾用名/别名/俗名：银鼓鱼。

主要特征：体扁圆形，体银白色；体表两侧腹部有稀疏的数十个黑色圆斑，似金钱状，体表两侧背部有数条黑色横带；尾鳍的后缘以及臀鳍和背鳍的柔软部分具有狭窄的黑色边缘。

生活习性：栖息于近岸岩礁处，也会进入河口区域；杂食，偏植食性鱼类。

分布情况：南渡江河口咸淡水水域。

外来鱼类

185. 蓝鳃太阳鱼

Lepomis macrochirus Rafinesque，1819

棘臀鱼科 Centrarchidae

英文名：bluegill。

主要特征：背鳍Ⅸ～Ⅺ－10～12；臀鳍Ⅲ-11～12；胸鳍10。体高而侧扁。鳃盖后方延长，延长的鳃盖呈深蓝色或黑色。在背鳍基底有1个突出的黑色斑块，接近尾部。体背侧有数条暗黄色纵带，背侧深灰褐色。

生活习性：主要栖息在水库与缓动性的河流中；主要以植物茎叶、昆虫、小鱼、虾等为食。

分布情况：主要分布于南渡江中下游及水库中。

外来鱼类

186. 大口黑鲈

Micropterus salmoides (Lacepède，1802)

棘臀鱼科 Centrarchidae

英文名：largemouth black bass。

曾用名/别名/俗名：加州鲈。

主要特征：背鳍Ⅹ－13～14；臀鳍Ⅲ－9；胸鳍Ⅰ－12～13。体侧扁，呈纺锤形。体被细鳞。体背部墨绿色，体侧淡绿色，腹部则色淡；体侧上半部散布暗色污斑，同时在中部形成1条宽的纵带，随着成长这些斑纹会逐渐消失。

生活习性：主要栖息在浅水或水流缓慢的区域；领域性强；主要摄食鱼、虾、蟹及其他无脊椎动物。

分布情况：偶见于南渡江海口段，野外种群不详。

外来鱼类

187. 莫桑比克口孵非鲫

Oreochromis mossambicus Peters，1852

丽鱼科 Cichlidae

英文名：African mouthbrooder。

曾用名/别名/俗名：越南鱼。

主要特征：背鳍XV～XVII－12～13；臀鳍III－10～12；胸鳍15；腹鳍I－5；尾鳍17。体略呈长方形，头背缘隆起。体被大栉鳞。体色随环境而异，一般为灰黑色，或银灰而带有蓝色，背部颜色较深，腹部则淡；鳃盖上缘具一蓝灰色斑点。

生活习性：广盐性鱼类，能耐高盐度、低溶氧及混浊水环境，但耐寒能力差；以浮游生物、藻类、水生植物碎屑等为食。

分布情况：主要分布于南渡江河口咸淡水水域。

外来鱼类

188. 奥利亚口孵非鲫

Oreochromis aureus (Steindachner，1864)

丽鱼科 Cichlidae

英文名：blue tilapia。

曾用名/别名/俗名：福寿鱼。

主要特征：体侧扁，背高隆起，腹部弧形。吻钝，无须。体青紫色带金色光彩，腹部白色，体侧有暗横带，同时具有多条纵向排列的点线条纹。背鳍、臀鳍暗紫色。尾鳍截形有斑点，边缘微红色。

生活习性：以浮游生物、有机碎屑及小型底栖无脊椎动物等为食。

分布情况：广泛分布于南渡江淡水水域。

外来鱼类

189. 尼罗口孵非鲫

Oreochromis niloticus (Linnaeus，1758)

丽鱼科 Cichlidae

英文名：Nile tilapia。

曾用名/别名/俗名：福寿鱼。

主要特征：背鳍ⅩⅦ-12～14；臀鳍Ⅲ-9；胸鳍13～14。体长卵圆形，尾柄较短。体被弱栉鳞。体色随环境而变化，一般为暗褐色，背部暗绿色，腹部银白色；鳃盖上缘具一蓝灰色斑点；一般体侧有数条暗色横带。背鳍、臀鳍及尾鳍具许多灰色小点，尾鳍具多条垂直横纹。

生活习性：有很强的耐低氧能力，但其耐寒能力很差；食性广，摄食有机碎屑及小型底栖无脊椎动物等。

分布情况：广泛分布于南渡江淡水水域。

注：《海南淡水及河口鱼类图鉴》（2021年）尼罗口孵非鲫图片有误，以此版图鉴为准。

外来鱼类

190. 齐氏非鲫

Coptodon zillii Gerwais，1848

丽鱼科 Cichlidae

英文名：redbelly tilapia。

曾用名/别名/俗名：太阳罗非。

主要特征：背鳍XIV～XVI-10～13；臀鳍III-7～10。体呈椭圆形，侧扁，背部轮廓隆起。体色随环境而异，一般为暗褐色而带虹彩，背部较暗，下腹部暗红色，鳃盖上缘有一蓝灰色斑点，体侧有数条暗色横带，背鳍、臀鳍及尾鳍具黄斑，背鳍软条部有1个黑色圆斑。

生活习性：对环境适应性很强，能耐污染、低溶氧及浑浊水环境；以浮游生物、藻类、水生植物碎屑等为食。

分布情况：广泛分布于南渡江淡水水域。

外来鱼类

191. 布氏奇非鲫

Heterotilapia buttikoferi (Hubrecht，1881)

丽鱼科 Cichlidae

英文名：zebra tilapia。

曾用名/别名/俗名：十间鱼。

主要特征：体形呈纺锤形，腹鳍较长。呈淡黄色，色彩鲜艳，体色灰白，体表从眼睛到尾鳍约有数条暗黑色环带绕身。

生活习性：具有较强的攻击性；偏肉食性鱼类。

分布情况：偶见于南渡江儋州段。

外来鱼类

192. 伽利略帚齿非鲫

Sarotherodon galilaeus (Linnaeus，1758)

丽鱼科 Cichlidae

英文名：mango tilapia。

主要特征：背鳍XV～XVII-12～13；臀鳍III-9～11；胸鳍14。体呈椭圆形，侧扁。体被大栉鳞，头部除吻部和颊部外均被鳞。鳃盖斑终生存在，体侧有数个不完全连续的黑色横纹。尾鳍无斑点，无条纹。

生活习性：对环境适应性很强，能耐污染、低溶氧及浑浊水环境；杂食性鱼类。

分布情况：偶见于南渡江定安段。

外来鱼类

193. 花身副丽鱼

Parachromis managuensis (Günther，1867)

丽鱼科 Cichlidae

英文名：jaguar guapote。

曾用名/别名/俗名：马拉瓜丽体鱼、淡水石斑、花老虎、桂花鱼。

主要特征：体侧扁而呈椭圆形。口上位，下颌长于上颌而且略为上突。唇厚，且上颌稍可伸缩。体被大型鳞，颊部亦被鳞。成鱼体表略带黄色，体色随外界水环境及生殖期起适应性变化。幼鱼眼眶为红色，成鱼眼眶为银黄色。鳞片为圆鳞，较大，侧线鳞断续。

生活习性：栖息于水生植物丛生与砂质底的环境；为凶猛肉食性鱼类，以小鱼为食。

分布情况：广泛分布于南渡江淡水水域。

外来鱼类

194. 厚唇双冠丽鱼

Amphilophus labiatus (Günther，1864)

英文名：jaguar guapote。

曾用名/别名/俗名：火鹤、红魔鬼。

主要特征：背鳍XVI～XVIII－11～12。嘴唇厚实上翘。幼体体色通常为橘黄或浅黄色，眼睛略带些红色。成鱼的体色或许会受到食性的影响而逐渐转变为鲜红色，部分雄鱼的背颈会突出隆起，成鱼体形粗短而宽厚。

生活习性：对环境的适应性很强，能耐污染、低溶氧及混浊水环境；主要摄食小鱼和大型无脊椎动物。

分布情况：偶见于南渡江定安、澄迈等地。

外来鱼类

195. 粉红副尼丽鱼

Vieja melanurus (Günther，1862)

丽鱼科 Cichlidae

鲈形目 Perciformes

英文名：redhead cichlid。

曾用名/别名/俗名：紫红火口。

主要特征：额头稍隆起。体被鳞片，侧线2条，不完全。体呈土黄色，体表从喉部至胸鳍基部有大片区域呈现出粉红色，紧接其后的大片区域呈现出紫色。

生态习性：喜好弱酸至中性水质环境；杂食性鱼类。

分布情况：偶见于南渡江定安、海口等地。

外来鱼类

196. 图丽鱼

Astronotus ocellatus (Agassiz，1831)

丽鱼科 Cichlidae

英文名：oscar。

曾用名/别名/俗名：地图鱼、猪仔鱼。

主要特征：背鳍XII～XIV-17～21。体呈椭圆形，侧扁。各鳍宽大。体呈乌黑色或黑褐色，体侧散布着不规则的橙红色斑块，间镶红色条纹，呈地图状。尾鳍基部上方有圆形黑斑，边缘橙色。

生态习性：主要摄食小鱼、小虾、丝蚯蚓等。

分布情况：偶见于南渡江河口段支流。

外来鱼类

197. 匠丽体鱼

Herichthys carpintis (Jordan & Snyder，1899)

丽鱼科 Cichlidae

英文名：lowland cichlid。

曾用名/别名/俗名：珍珠德州丽鱼、德州豹。

主要特征：体呈浅蓝绿色，身体上有彩虹色斑点，体侧中央具有较深的斑纹。

生态习性：主要以甲壳类、无脊椎动物为食。

分布情况：主要分布于南渡江海口段。

外来鱼类

198. 克氏卡奎丽鱼

Caquetaia kraussii (Steindachner，1878)

丽鱼科 Cichlidae

主要特征：体呈椭圆形，侧扁。侧线完全。体背有数条横带，尾柄后部上部有1个黑斑，另1个黑点位于身体中部。

生态习性：栖息于有遮蔽物的淡水水域；以其他鱼类和底栖无脊椎动物为食。

分布情况：主要分布于南渡江定安段。

外来鱼类

199. 褐篮子鱼

Siganus fuscescens (Houttuyn，1782)

英文名：rabbitfish。

曾用名/别名/俗称：臭肚。

主要特征： 背鳍XⅢ-10；臀鳍Ⅶ-9；胸鳍16～17。体呈长椭圆形，侧扁，背缘和腹缘呈弧形。体被小圆鳞，颊部前部具鳞，喉部中线无鳞。体侧上方为褐绿色，下方为银白色；并杂以白色微带浅蓝色的圆形斑。这些圆形斑沿体纵轴排列成行。鳃盖后上方有一污斑。

生活习性： 主要栖息于礁岩底质的河口咸淡水水域；主要摄食藻类，也捕食一些小型无脊椎动物。

分布情况： 南渡江河口咸淡水水域。

200. 点篮子鱼

Siganus guttatus (Bloch，1787)

篮子鱼科 Siganidae

英文名：orange-spotted spinefoot。

曾用名/别名/俗称：打铁、涩石。

主要特征：背鳍Ⅻ－10；臀鳍Ⅶ－9；胸鳍16。体呈椭圆形，体较高而侧扁。口小，前下位；下颌短于上颌，几被上颌所包。体被小圆鳞，颊部前部具鳞。体呈淡蓝绿色，密布橘黄色圆点，近尾柄处有一黄斑。腹部为银色，身体覆盖着亮黄色斑点，背鳍末端有1个很大的黄色斑点。

生活习性：常栖息于水流平缓的礁石或潟湖区；主要以礁石上的藻类及小型维管束植物为食。

分布情况：南渡江河口咸淡水水域。

201. 攀鲈

Anabas testudineus (Bloch，1792)

攀鲈科 Anabantidae

英文名：climbing perch。

曾用名/别名/俗称：海南婆、三毛、过山鲫。

主要特征：背鳍XVI～XVIII-9～10；臀鳍IX～X-10～11；胸鳍14～16。体呈卵圆形，侧扁。下颌稍突出。头及体均被中等大的栉鳞。体呈棕灰色，背侧面色深，腹部色浅，体侧散布许多黑色斑点，并有10条黑绿色的横纹。鳃盖骨后缘2个强棘之间及尾鳍基部中央各有1个大黑斑。

生活习性：栖息于平静、水流缓慢、淤泥多的水体中；摄食大型浮游动物、小鱼、小虾等。

分布情况：主要分布于南渡江支流、连江湿地等。

202. 叉尾斗鱼

Macropodus opercularis (Linnaeus，1758)

斗鱼科 Belontiidae

鲈形目 Perciformes

英文名：paradise fish。

曾用名/别名/俗称：双慢鱼。

主要特征：背鳍Ⅻ～ⅩⅤ-6～8；臀鳍ⅩⅦ～ⅩⅩ-12～15；胸鳍10～12。体背缘几乎平直，尾柄甚短。臀鳍基部有数根鳍条较延长。尾鳍分叉，上下叶外侧鳍条延长。体灰绿色，体侧有十余条蓝褐色的横带，自眼后至鳃盖有2根暗色斜纹。

生活习性：多栖息于山塘、稻田及水泉等浅水地区；主要摄食无脊椎动物。

分布情况：偶见于南渡江支流、连江湿地等。

濒危状况：近危鱼类。

203. 斑鳢

Channa maculata (Lacépède，1801)

英文名：blotched snakehead。

曾用名/别名/俗称：黑鱼。

主要特征：背鳍38～44；臀鳍24～29；胸鳍16。体前端圆筒形，背缘、腹缘较平直。体灰黑色，腹部灰色。体侧各有不规则黑斑。头背面两眼角间有1条黑色横带，其后有呈"八八"状的显著斑纹。背鳍基部有1纵行黑色斑点，背鳍上方、腹鳍及尾鳍均有黑白相间的斑纹。

生活习性：栖息于江河、湖塘或沟渠，喜生活在泥底的水草丛中；典型的凶猛肉食性鱼类。

分布情况：广泛分布于南渡江干流、支流、湿地等。

204. 南鳢

Channa gachua (Hamilton，1822)

鳢科 Channidae

英文名：dwarf snakehead。

曾用名/别名/俗称：宽额鳢、缘鳢、雷龙。

主要特征：背鳍32～34；臀鳍20～24；胸鳍14。体被缘自头后略隆起，后端平直。头宽而平扁。头及体均被圆鳞。体背侧绿褐色，腹部白色，体侧散布许多黑色小点。体背有数条横纹。背鳍、臀鳍和尾鳍黑色，边缘橙红色。

生活习性：喜栖息于泥底多水草的水体中；肉食性鱼类。

分布情况：主要分布于南渡江上游、支流。

205. 月鳢

Channa asiatica (Linnaeus，1758)

鳢科 Channidae

英文名：small snakehead。

曾用名/别名/俗称：七星鱼。

主要特征：背鳍43～48；臀鳍26～32；胸鳍16。体背、腹缘几乎平直，后部圆筒形。头及体均被中等大的圆鳞。体呈绿褐色或灰黑色，体背部颜色较深，腹部灰白色。体侧沿中部有7～10条"<"形黑褐色横纹带。头背部黑褐色，胸鳍基部后上方有1个黑色大斑，尾柄部有1个具白色边缘的黑色眼状斑。

生活习性：广温性鱼类，适应性强，性凶猛，动作迅速；为动物性杂食鱼类。

分布情况：主要分布于南渡江上游、支流。

206. 弯角䲗

Callionymus curvicornis Valenciennes，1837

鲈形目 Perciformes

䲗科 Callionymidae

英文名：dragonet。

曾用名/别名/俗名：弯棘䲗。

主要特征：背鳍Ⅳ，9；臀鳍9；胸鳍19～20。体向后渐细，尾柄细长，头背视三角形。体背侧淡黄褐色，有蓝白色斑点，腹侧隐有十数条褐色的细斜纹，腹部灰白色，吻侧及眼下方有黄色及蓝白的细纹。

生活习性：近岸小型鱼类，主要栖息于沙泥底质区域；以底栖生物为食。

分布情况：南渡江河口海甸溪、横沟段。

207. 鲬

Platycephalus indicus (Linnaeus，1758)

鲬科 Platycephalidae

英文名：bartailed flathead。

曾用名/别名/俗名：印度鲬。

主要特征：背鳍Ⅱ，Ⅶ，Ⅰ-13；臀鳍13；胸鳍18～21。体延长而平扁，向后渐细，吻背面近半圆形。下颌长于上颌。体被细小栉鳞。体黄褐色，背侧有6根褐色横纹，散布黑褐色斑点，胸鳍灰黑色，密布暗褐色小斑，腹鳍浅褐色，有不规则小斑，尾鳍有黑色斑块。

生活习性：栖息于近岸及河口咸淡水交界处；以底栖鱼类或无脊椎动物为食。

分布情况：南渡江河口咸淡水水域。

208. 红鳍拟鳞鲉

Paracentropogon rubripinnis (Temminck&Schlegel，1843)

鲉科 Scorpaenidae

主要特征：背鳍XIV～XV-6～7；臀鳍Ⅲ-3～4；胸鳍11。体长椭圆形，极侧扁。侧线完全上侧位。体红褐色，头及体密布短小云状斑纹，背鳍、臀鳍、胸鳍和尾鳍密布块状斑纹，腹鳍无明显斑纹。

生活习性：海洋性鱼类，偶尔进入河口区域；主要摄食甲壳类等无脊椎动物。

分布情况：南渡江河口海甸溪、横沟段。

209. 粗蜂鲉

Vespicula trachinoides (Cuvier，1829)

鲉科 Scorpaenidae

曾用名/别名/俗名：粗高鳍鲉。

主要特征：背鳍XV-4；臀鳍Ⅲ-4；腹鳍Ⅰ-4。体长椭圆形，侧扁。体侧有灰黑色的小斑点。体红褐色，具斑纹。背鳍鳍棘部具斑纹，鳍条部上端具一斜纹。臀鳍有4条斜纹。尾鳍具一黑色横纹。胸鳍和腹鳍暗褐色。

生活习性：栖息于珊瑚礁区域，偶尔也出现在河口礁石处；主要摄食甲壳类、小鱼等。

分布情况：南渡江河口海甸溪、横沟段。

210. 中华乌塘鳢

Bostrychus sinensis Lacépède，1801

塘鳢科 Eleotridae

曾用名/别名/俗名：乌塘鳢。

主要特征：背鳍Ⅳ，Ⅰ–10～11；臀鳍Ⅰ–9～10；胸鳍17～18。尾柄较长，头前部略平扁，颊部圆突。头及体均被小圆鳞。体褐色或有暗褐色斑纹，腹面浅褐色，尾鳍基部上端有1个带有白边的大型黑色眼状斑，尾鳍有暗色横纹。

生态习性：栖息于近海、河口区域，也会进入淡水中；肉食性鱼类。

分布情况：南渡江河口咸淡水水域。

211. 云斑尖塘鳢

Oxyeleotris marmorata (Bleeker，1852)

塘鳢科 Eleotridae

英文名：marble goby。

曾用名/别名/俗名：笋壳鱼、石头鱼、沙峰。

主要特征：背鳍Ⅵ，Ⅰ-9；臀鳍Ⅰ-8；胸鳍16～18。体延长，粗壮，前部亚圆筒形。下颌突出于上颌。体被栉鳞。头及体为棕褐色，背部深色，腹部浅色，体侧有云斑状斑块及不规则横带，尾鳍基部有三角形大褐斑，胸鳍基部的上下方常各有1个褐斑。

生态习性：底层鱼类；肉食性，摄食其他小型鱼类、虾、蟹等。

分布情况：广泛分布于南渡江淡水水域。

外来鱼类

212. 尖头塘鳢

Eleotris oxycephala Temminck & Schlegel，1845

虾虎鱼目 Gobiiforme

英文名：sleeper。

主要特征：背鳍Ⅵ，Ⅰ-8～9；臀鳍Ⅰ-8～9；胸鳍16～18。尾柄长而高，头宽钝。颊部及鳃盖常被小圆鳞。体棕黄色，微灰。体色呈黄褐色而带一些灰色，自鳃盖至尾鳍基部隐约具有1条黑色纵带及一些不规则的云状小黑斑；头部为青灰色，自吻端经眼睛至鳃盖的上方有一黑色条纹，颊部自眼后到前鳃盖骨也有一黑色细纹。

生活习性：暖水性底层鱼类；摄食小鱼、沼虾、淡水壳菜和蠕虫等。

分布情况：主要分布于南渡江灵山至咸淡水水域。

213. 黑体塘鳢

Eleotris melanosoma Bleeker，1853

塘鳢科 Eleotridae

英文名：black gudgeon。

主要特征：背鳍Ⅵ，Ⅰ-8~9；臀鳍Ⅰ-8~9；胸鳍16~17。体由前向后渐侧扁，尾柄较高。颊部及鳃盖常被小圆鳞。头部及体侧为红褐色至黑褐色，腹侧浅色；头部自吻经眼睛至鳃盖上方及颊部自眼睛后至前鳃盖骨各有一黑色线纹，时有时无。在胸鳍基部的上方常具1个黑色斑块；腹鳍淡色；背鳍、臀鳍、尾鳍为灰褐色，鳍上有多条由黑色斑点排列组成的条纹。

生活习性：栖息于泥沙、杂草和碎石相混杂的浅水区；摄食小鱼、小虾、水蚯蚓和甲壳类等。

分布情况：南渡江灵山咸淡水水域。

214. 褐塘鳢

Eleotris fusca (Forster，1801)

塘鳢科 Eleotridae

英文名： brown gudgeon。

曾用名/别名/俗名： 棕塘鳢。

主要特征： 背鳍Ⅵ，Ⅰ-8；臀鳍Ⅰ-8；胸鳍19～20。体延长，身体前部呈圆筒形，后侧扁。无侧线。头部及体侧为棕黑色；腹侧浅色；体侧鳞片边缘常隐布有小黑点，形成许多不规则的纵纹。各鳍呈浅褐色，具多行由暗色点形成的纵纹；胸鳍基部的上方常具有1个褐斑。

生活习性： 主要栖息在河口或偶尔进入河流的下游水域，也会进入淡水区域；主要摄食小鱼、小虾、蠕虫等；夜行性鱼类。

分布情况： 南渡江河口咸淡水水域。

215. 伍氏塘鳢

Eleotris wuhanlini Endruweit，2024

塘鳢科 Eleotridae

曾用名/别名/俗名：海南刺盖塘鳢（误定名）。

主要特征：背鳍Ⅵ，Ⅰ-8；臀鳍Ⅰ-8；胸鳍14～15。体前部近圆筒形，背缘隆起。下颌稍长于上颌。体被弱栉鳞。头及体棕褐色，背部色深，腹部色浅，体侧无条纹及斑块，头部自吻端经眼至鳃盖上方及颊部自眼后至前鳃盖骨各有1根黑色条纹。

生活习性：栖息于江、河下游及河口水域的泥质区域；主要以小鱼、小虾、蟹等为食。

分布情况：南渡江河口咸淡水水域。

216. 嵴塘鳢

Butis butis (Hamilton，1822)

塘鳢科 Eleotridae

英文名：duckbill sleeper。

主要特征：背鳍Ⅵ，Ⅰ-8；臀鳍Ⅰ-8；胸鳍18。体后部侧扁，背缘弧形隆起，尾柄较长，鳍缘有细弱锯齿。体被大栉鳞。头及体灰褐色，腹面浅色。体侧鳞片灰褐色，每枚鳞片常有1个淡色斑点，在体侧形成许多纵行点纹，头部自吻端经眼至鳃盖骨中部有1根黑纵纹，鳃盖膜灰黑色，尾鳍灰黑色，有数行浅色小斑。

生活习性：栖息于河口及附近浅水处；主要以小型鱼类、甲壳类等为食。

分布情况：南渡江河口咸淡水水域。

217. 锯嵴塘鳢

Butis koilomatodon (Bleeker，1849)

塘鳢科 Eleotridae

英文名：marblecheek sleeper。

主要特征：背鳍Ⅵ，Ⅰ-8～9；臀鳍Ⅰ-7～8；胸鳍20～22。体延长，前部亚圆筒形，后部侧扁。下颌稍长于上颌。体被较大栉鳞，头及体灰褐色，腹面浅色，体侧有数道暗色宽横带，胸鳍浅灰色，基部有一黑色圆斑，腹鳍黑色，尾鳍灰黑色。

生活习性：栖息于河口、海滨礁石或退潮后残存的小水洼中；主要摄食小型甲壳类。

分布情况：南渡江河口咸淡水水域。

218. 拉氏狼牙虾虎鱼

Odontamblyopus rubicundus (Hamilton，1822)

背眼虾虎鱼科 Oxudercidae

英文名：rubicundus eelgoby。

曾用名 / 别名 / 俗名：红狼牙虾虎鱼。

主要特征：背鳍Ⅵ-38～41；臀鳍Ⅰ-37～39；胸鳍42～46。体略呈带状。眼极
小，退化。背鳍起点在胸鳍基部后上方，鳍棘细弱，鳍条后方与尾鳍相
连，臀鳍与背鳍同形。体淡红色或灰紫色，背鳍、臀鳍、尾鳍黑褐色。

生活习性：栖息于底质为泥或泥沙的咸淡水交汇的河口或浅海区，偶尔也进入淡水
区；主要以浮游植物为食。

分布情况：南渡江河口咸淡水水域。

219. 鲡形鳗虾虎鱼

Taenioides anguillaris (Linnaeus，1758)

英文名：anguilla eelgoby。

主要特征：背鳍Ⅵ－43 ～ 45；臀鳍Ⅰ－42 ～ 45；胸鳍16 ～ 17。体很延长，前部亚圆筒形，后部侧扁。臀鳍与背鳍同形，均与尾鳍相连，后端无缺刻。体色为红色略带蓝灰色，腹部浅色，尾鳍黑色，其余各鳍为灰色。

生活习性：主要栖息于河口、红树林湿地等泥质底质区域；主要以有机质碎屑、小型鱼虾等为食。

分布情况：南渡江河口咸淡水水域。

220. 须鳗虾虎鱼

Taenioides cirratus (Blyth，1860)

背眼虾虎鱼科 Oxudercidae

英文名：hooghly gobyeel。

主要特征：背鳍Ⅵ-40～43；臀鳍Ⅰ-40～41；胸鳍14～16。体颇为延长，前半部呈圆筒形，体裸露无鳞。体侧有数十个乳突状黏液孔。臀鳍与背鳍同形，不与尾鳍相连，后端均有一缺刻。体红色带蓝灰色，腹部浅色，尾鳍黑色，其余各鳍灰色。

生活习性：栖息于泥质的底质环境，常隐于洞穴中；以有机碎屑、小型鱼虾等为食；有微毒。

分布情况：南渡江河口咸淡水水域。

221. 无鳞头虾虎鱼

Caragobius urolepis (Bleeker，1852)

背眼虾虎鱼科 Oxudercidae

虾虎鱼目 Gobiiforme

英文名：scaleless worm goby。

曾用名/别名/俗名：尾鳞头虾虎鱼。

主要特征：背鳍Ⅵ－31；臀鳍30；胸鳍18。头及体裸露无鳞。无侧线。背鳍1个，连续，基部颇长，背鳍、臀鳍与尾鳍相连。头及体呈浅棕色，各鳍无色，略透明。

生态习性：栖息于河口咸淡水的软泥底质水域；主要摄食浮游动物及小型无脊椎动物。

分布情况：南渡江河口咸淡水水域。

222. 孔虾虎鱼

Trypauchen vagina (Bloch & Schneider，1801)

背眼虾虎鱼科 Oxudercidae

英文名：burrowing goby。

主要特征：背鳍Ⅵ-48～52；臀鳍Ⅰ-46～49；胸鳍20～21。无背鳍前鳞，体背、腹缘几乎平直。头顶正中在眼后方有1条棱状纵嵴。头部、项部及胸部均无鳞，但头顶部及项部的两侧有时有少数细鳞，背鳍鳍棘部较低，鳍条部稍高，体呈红色或淡紫红色。

生活习性：栖息于红树林、河口、内湾的泥滩地，属广盐性鱼类；主要以有机碎屑及小型无脊椎动物为食。

分布情况：南渡江河口咸淡水水域。

223. 小头栉孔虾虎鱼

Ctenotrypauchen microcephalus (Bleeker，1860)

背眼虾虎鱼科 Oxudercidae

英文名：comb goby。

主要特征：背鳍Ⅵ－Ⅰ－48～50；臀鳍Ⅰ－43～45；胸鳍15～17。体颇延长，甚侧扁，体背、腹缘几乎平直。颊部圆突，头顶正方在眼后方有一顶嵴，嵴的边缘有细弱锯齿，眼甚小。体被小圆鳞，头部、项部、胸部及腹部均无鳞，体红色或淡紫红色。

生态习性：栖息于河口咸淡水和近海潮间带的泥涂中。

分布情况：南渡江河口咸淡水水域。

224. 长丝犁突虾虎鱼

Myersina filifer (Valenciennes，1837)

背眼虾虎鱼科 Oxudercidae

英文名：filamentous shrimpgoby。

主要特征：背鳍Ⅵ、Ⅰ～10；臀鳍Ⅰ-9；胸鳍18～19。体延长，侧扁。体被小圆鳞，头部与项部均无鳞。第一背鳍颇高，除最后鳍棘外，其余各鳍棘均呈丝状延长。体黄绿色且带红色，颊部及鳃盖具亮蓝色小点。体侧有5条暗褐色横带。第一背鳍的第1与第2鳍棘之间近基底处具一黑色长形眼斑。

生活习性：栖息于近海礁砂或礁岩的泥砂区域；主要以小型无脊椎动物为食。

分布情况：南渡江河口咸淡水水域。

225. 纹缟虾虎鱼

Tridentiger trigonocephalus (Gill，1859)

背眼虾虎鱼科 Oxudercidae

英文名：striped tripletooth goby。

主要特征：背鳍Ⅵ、Ⅰ – 11 ~ 13；臀鳍Ⅰ – 9 ~ 11；胸鳍14 ~ 16。体后部侧扁。体被中等大的栉鳞。体色多变，通常头及体灰色，微带棕色，腹部浅灰色，头部密布细小的白点，体侧常有1 ~ 2条黑褐色的纵带及数条不规则横带。

生活习性：栖息于河口、港湾、沙岸等沙泥底质的环境中；主要以小型鱼虾及其他无脊椎动物为食。

分布情况：南渡江河口咸淡水水域。

226.髭缟虾虎鱼

Tridentiger barbatus (Günther，1861)

背眼虾虎鱼科 Oxudercidae

英文名：shokihaze goby。

主要特征：背鳍Ⅵ、Ⅰ-10；臀鳍Ⅰ-9～10；胸鳍21～22。体延长，前部圆筒形，后部略侧扁。头部具有许多触须，穗状排列。体被中等大栉鳞。头及体呈黄褐色，腹部浅色，体侧常具5条宽阔的黑横带。

生活习性：栖息于河口咸淡水水域及近岸浅水处，也进入江河下游淡水水体；摄食小型鱼类、幼虾、桡足类等。

分布情况：南渡江河口咸淡水水域。

227. 双带缟虾虎鱼

Tridentiger bifasciatus Steindachner，1881

背眼虾虎鱼科 Oxudercidae

英文名：shimofuri goby。

主要特征：背鳍Ⅵ、Ⅰ–12～13；臀鳍Ⅰ–10～11；胸鳍18～20。体延长，前部圆筒形，后部略侧扁。头部无须。体被中等大栉鳞。体灰褐色或浅褐色，背部色深，腹部色浅，体侧常具2条黑褐色纵带，无横带，头侧及头部腹面密布许多白色小圆点。

生活习性：栖息于河口半咸淡水水域沙泥底质区域；主要摄食小型鱼类、幼虾等。

分布情况：南渡江河口咸淡水水域。

228. 阿部鲻虾虎鱼

Mugilogobius abei (Jordan & Snyder, 1901)

背眼虾虎鱼科 Oxudercidae

英文名：mangrove goby。

主要特征：背鳍Ⅵ、Ⅰ-8～9；臀鳍Ⅰ-8～9；胸鳍15～17。体背、腹缘较平直。体被弱栉鳞。头及体褐色，体侧前部有数条不规则的暗色横斑，后部有2条黑色的纵带，第一背鳍的后部鳍棘间有1个黑斑，尾鳍有暗色纵纹数条，其余各鳍暗灰色。

生活习性：栖息于河口咸淡水交界水域，偶尔也进入下游淡水中。

分布情况：南渡江河口咸淡水水域。

王裕旭　摄

229. 爪哇拟虾虎鱼

Pseudogobius javanicus (Bleeker，1856)

主要特征：背鳍Ⅵ，Ⅰ-7；臀鳍Ⅰ-7；胸鳍15～17。体略延长，前方圆钝而后部侧扁。头及体底色为浅黄褐色或浅黄色，体侧中间区域有5个水平分布的黑色或黑褐色斑块。第一背鳍后缘基部的位置具有1条略往前倾斜的黑色粗横纹，往下延伸至体侧下缘区域。体鳞具有黑褐色边缘，腹面为淡黄白色。

生活习性：栖息于河口、滨海沟渠与红树林栖地类型的咸淡水水域。

分布情况：南渡江河口咸淡水水域。

230. 矛尾虾虎鱼

Chaeturichthys stigmatias Richardson，1844

背眼虾虎鱼科 Oxudercidae

英文名：spear-shaped tail goby。

主要特征：背鳍Ⅷ，Ⅰ–21～23；臀鳍Ⅰ–18～19；胸鳍21～24。体特别延长，前部呈圆筒形，后部侧扁。体被圆鳞，后部鳞较大。体呈灰褐色，头部和背部都有不规则暗色斑纹；第一背鳍有1个大黑斑；第二背鳍有数列暗色斑点。尾鳍矛尾状，有数行暗色横纹。

生活习性：栖息于河口、近岸淤泥底质区域；主要摄食桡足类、多毛类、虾类等。

分布情况：南渡江河口咸淡水水域。

231. 黑首阿胡虾虎鱼

Awaous melanocephalus (Bleeker，1849)

背眼虾虎鱼科 Oxudercidae

英文名：largesnout goby。

主要特征：背鳍Ⅵ，Ⅰ-10；臀鳍Ⅰ-9～10；胸鳍16～18。体背、腹缘呈浅弧形隆起，尾柄较高。头及体灰棕色，腹部浅棕色，体侧中部有数个灰黑色的斑块，体背侧有许多云状的不规则小斑，眼的前下方有2条黑色条纹，向前伸达上颌。

生活习性：栖息在河口区半咸淡水至中下游的淡水水域中；主要以小型鱼类、底栖无脊椎动物为食。

分布情况：偶见于南渡江下游水域。

232. 睛斑阿胡虾虎鱼

Awaous ocellaris (Broussonet，1782)

背眼虾虎鱼科 Oxudercidae

英文名：eyespotted goby。

主要特征：背鳍Ⅵ，Ⅰ-10；臀鳍Ⅰ-10；胸鳍17。体背、腹缘呈浅弧形隆起。头及体灰棕色，腹部浅棕色，体侧中部有数个灰黑色的斑块，最后斑块在尾鳍基部中央，较大，体背侧有许多云状的不规则小斑，第一背鳍后部具一黑色眼状斑。

生活习性：栖息于淡水河川中，上溯河川的能力颇强；主要以水生昆虫为食，也啃食藻类。

分布情况：偶见于南渡江下游水域。

虾虎鱼目 Gobiiforme

233. 项鳞沟虾虎鱼

Oxyurichthys auchenolepis Bleeker，1876

背眼虾虎鱼科 Oxudercidae

虾虎鱼目 Gobiiforme

英文名：scaly-nape tentacle goby。

主要特征：背鳍Ⅵ，Ⅰ-12；臀鳍Ⅰ-13；胸鳍21～25。体延长，侧扁，背缘、腹缘几乎平直，尾柄较高。头部有黄色纹路，鳃盖骨后缘为黄色。鳍条边缘色暗，无斑纹或斑点。

生活习性：底层鱼类，偶尔能进入河口区域。

分布情况：南渡江河口咸淡水水域。

234. 小鳞沟虾虎鱼

Oxyurichthys microlepis (Bleeker，1849)

背眼虾虎鱼科 **Oxudercidae**

虾虎鱼目 Gobiiforme

英文名：maned goby。

主要特征：背鳍Ⅵ，Ⅰ-12；臀鳍Ⅰ-12；胸鳍20～22。体背、腹缘几乎平直，尾柄较高。体后部被较大的弱栉鳞。头及体灰棕色，腹部浅色，体侧及背部隐有多个不规则的紫褐色斑块，尾鳍有多行暗色的小斑，体背及项部鳞片的边缘深棕色，眼的虹彩上部有1个黑色的三角形斑。

生活习性：栖息于河口咸淡水水域及沿岸滩涂礁石处；主要以小型鱼虾、其他无脊椎动物为食。

分布情况：南渡江河口咸淡水水域。

235. 眼瓣沟虾虎鱼

Oxyurichthys ophthalmonema (Bleeker，1856)

背眼虾虎鱼科 Oxudercidae

虾虎鱼目 Gobiiforme

英文名：eyebrow goby。

主要特征：体延长，侧扁，体背、腹缘几乎平直，尾柄较高。眼上缘后方有1个灰色触角状皮瓣。体被弱栉鳞。头及体灰棕色，腹部浅色，体侧隐有5个暗斑，排列成1纵行，腹鳍灰黑色，其余各鳍浅灰色。

生活习性：栖息于河口咸淡水水域及沿岸滩涂礁石处；主要以小型鱼类、甲壳类及其他无脊椎动物为食。

分布情况：南渡江河口咸淡水水域。

236.眼带狭虾虎鱼

Stenogobius ophthalmoporus (Bleeker，1853)

背眼虾虎鱼科 Oxudercidae

虾虎鱼目 Gobiiforme

英文名：eye-band goby。

主要特征：背鳍Ⅵ，Ⅰ-10；臀鳍Ⅰ-11～12；胸鳍18～20。体背、腹缘较平直，尾柄较高。体及鳃盖被弱栉鳞，背鳍前方无裸露区。体灰褐色，腹部浅色，体侧有7～9条灰黑色的横带，有时横带不明显，呈云状斑块，眼中部下方有1条灰黑色的纵纹。

生活习性：主要以小型脊椎动物与无脊椎动物为食。

分布情况：南渡江灵山至河口咸淡水水域。

237. 尖鳍寡鳞虾虎鱼

Oligolepis acutipinnis (Valenciennes，1837)

背眼虾虎鱼科 Oxudercidae

英文名：sharptail goby。

主要特征：背鳍Ⅵ，Ⅰ-10；臀鳍Ⅰ-11～12；胸鳍18～20。体背缘浅弧形隆起，腹缘稍平直。背鳍鳍棘柔软且呈丝状延长。头及体灰棕色，背部深色，腹部浅色，体侧隐有1纵列约十余个不规则的小斑块，项部及背部隐有若干云纹状斑纹，头部自眼中部至上颌骨后端有1根黑色条纹。

生活习性：栖息于沙泥底的环境里；主要以有机碎屑、小鱼、小虾、无脊椎动物为食。

分布情况：南渡江灵山至河口咸淡水水域。

238. 真吻虾虎鱼

Rhinogobius similis Gill，1859

背眼虾虎鱼科 Oxudercidae

曾用名/别名/俗名：子陵吻虾虎鱼、子陵栉虾虎鱼。

主要特征：背鳍Ⅵ，Ⅰ-8～9；臀鳍Ⅰ-9；胸鳍17。体青灰色，腹部白色，体侧有数个不规则的黑色斑块，吻部、颊部及鳃盖均密布多条虫状细纹，胸鳍基部上方有1个黑斑，腹鳍浅色，尾鳍有1个半月形黑斑。

生活习性：多栖于江河、湖泊、水库及池塘的沿岸浅滩；摄食小鱼、小虾、水生昆虫、浮游动物等。

分布情况：广泛分布于南渡江淡水水域。

239. 溪吻虾虎鱼

Rhinogobius duospilus (Herre，1935)

背眼虾虎鱼科 Oxudercidae

曾用名/别名/俗名：溪栉虾虎鱼。

主要特征：背鳍Ⅵ，Ⅰ-8；臀鳍Ⅰ-7～8；胸鳍17～18。体有小圆鳞，项部前方无鳞。头及体灰褐色，腹部浅色。体侧有6个暗色斑块列成1纵行，头部在吻端经眼至鳃盖后上方有1根暗色纵纹，颊部有3根斜向后下方的暗色条纹，伸达前鳃盖骨下方，头部腹面鳃盖膜密布浅色的小圆点，胸鳍基部有2个小黑斑。

生活习性：栖息于淡水河川中。

分布情况：主要分布于南渡江上游及支流。

240. 李氏吻虾虎鱼

Rhinogobius leavelli (Herre，1935)

背眼虾虎鱼科 Oxudercidae

英文名：Leavell's goby。

曾用名/别名/俗名：项鳞柿虾虎鱼。

主要特征：背鳍Ⅵ，Ⅰ-8；臀鳍Ⅰ-8；胸鳍16～18。体前部近圆筒形，后部侧扁。头部及项部前方无鳞。头及体浅灰色或暗灰色，体侧隐布数个暗灰色或黑色斑块，每一鳞片后缘橘黄色或褐黄色，头部有橘黄色或褐黄色点纹，眼前至吻背前端有1根橘色细纹。

生活习性：栖息于淡水河川中。

分布情况：主要分布于南渡江上游及支流。

241. 南渡江吻虾虎鱼

Rhinogobius nandujiangensis Chen，Miller，Wu & Fang，2002

背眼虾虎鱼科 Oxudercidae

主要特征：背鳍Ⅵ，Ⅰ-8~9；臀鳍Ⅰ-8~9；胸鳍17~18。体被中大栉鳞，吻部、颊部、鳃盖部无鳞。头及体呈乳黄色，颊部及鳃盖部乳黄色，颊部具1条斜纹，鳃盖膜具数条暗红色条纹；项部具若干个褐色斑块；胸鳍浅色或暗灰色，基部具暗褐色圆斑。

生态习性：河、溪底层鱼类。

分布情况：主要分布于南渡江上游及支流。

王裕旭 摄

242. 多鳞枝牙虾虎鱼

Stiphodon multisquamus Wu & Ni，1986

背眼虾虎鱼科 Oxudercidae

英文名：morescaled goby。

主要特征：背鳍Ⅵ，Ⅰ-10；臀鳍Ⅰ-8；胸鳍15～16。体背、腹缘较平直，尾柄中等长。吻伸越上颌的前方。头及体灰棕色，腹部淡白色。体背侧有10条灰褐色的横纹。背鳍及臀鳍灰色，胸鳍有数条暗色横纹，尾鳍有数条波状暗色横纹。

生活习性：栖息于有清澈流水、砂和砾石底质的河、溪流中。

分布情况：偶见于南渡江下游水域。

243. 青弹涂鱼

Scartelaos histophorus (Valenciennes，1837)

背眼虾虎鱼科 Oxudercidae

英文名：walking goby。

曾用名/别名/俗称：跳跳鱼。

主要特征：背鳍Ⅴ，Ⅰ－25～27；臀鳍Ⅰ－24～25；胸鳍21。体延长，前部亚圆筒形，后部扁，体侧被细小而退化的鳞片。背鳍2个，分离。体呈青灰色或青褐色，腹面灰色或浅蓝灰色。背侧有不规则的细点。第二背鳍及臀鳍膜均与尾鳍相连接，其上有深黑色的小点或点纹。胸鳍亦散布有黑色的小点。臀鳍与腹鳍呈浅灰色。

生活习性：栖息于河口、红树林、河口附近海滨的泥滩地。

分布情况：南渡江河口咸淡水水域。

244. 大弹涂鱼

Boleophthalmus pectinirostris (Linnaeus, 1758)

背眼虾虎鱼科 Oxudercidae

虾虎鱼目 Gobiiforme

曾用名/别名/俗称： 跳跳鱼。

主要特征： 背鳍Ⅴ，Ⅰ-22～25；臀鳍Ⅰ-21～24；胸鳍18～19。体侧扁，背缘平直。无须。体及头背均被小圆鳞。无侧线。背鳍2个，分离；左右腹鳍愈合成一吸盘。体背侧青褐色，腹侧浅色。第一背鳍深蓝色，具许多不规则白色小点；第二背鳍蓝色，具4列纵行小白斑；尾鳍灰青色，有时会出现白色小斑。

生活习性： 栖息于河口咸淡水水域、近岸滩涂处或底质为烂泥的低潮区，广盐性，喜穴居；以有机质、底藻、浮游动物及其他无脊椎动物等为食。

分布情况： 南渡江河口咸淡水水域。

245. 弹涂鱼

Periophthalmus modestus Cantor，1842

背眼虾虎鱼科 Oxudercidae

英文名：shuttles hoppfish。

曾用名/别名/俗称：跳跳鱼。

主要特征：背鳍ⅩⅣ，Ⅰ-12；臀鳍Ⅰ-11～12；胸鳍14。体及头背区均被有细小的圆鳞。背鳍2个，分离。体色呈灰褐色，腹面灰白色。背鳍的近上缘处有一灰色带；第二背鳍散布深色斑点。体侧具有4条模糊且向前斜下的灰黑色横带。

生活习性：栖息于河口咸淡水水域、近岸滩涂处或底质为烂泥的低潮区，穴居性鱼种；主要以浮游生物、昆虫及其他无脊椎动物为食，亦会刮食附着在岩石上的藻类。

分布情况：南渡江河口咸淡水水域。

246. 大口髯虾虎鱼

Gobiopsis macrostoma Steindachner，1861

虾虎鱼科 Gobiidae

主要特征：背鳍Ⅵ、Ⅰ-10～11；臀鳍Ⅰ-9；胸鳍20～21。体延长，前部略平扁，后部侧扁。体前部被圆鳞，后部被较大栉鳞，体呈灰棕色，头黄棕色，头部密布不规则的小黑点，体侧隐具数个不规则的灰黑色大斑，体背侧也具大斑块。

生态习性：栖息于泥沙底质的河口咸淡水区域，也会进入淡水水域。

分布情况：南渡江河口咸淡水水域。

247. 金黄舌虾虎鱼

Glossogobius aureus Akihito & Meguro，1975

虾虎鱼科 Gobiidae

英文名：golden tank goby。

主要特征：背鳍Ⅵ、Ⅰ–9；臀鳍Ⅰ–8；胸鳍18～19。体前近圆筒形。吻稍尖，下颌突出于上颌。头及体灰褐色，背部深色，隐布数个深褐色的横斑，腹部浅棕色，体侧中部有数个较大的黑斑，眼后及背鳍前方无黑斑，胸鳍基部下方常隐有1个暗斑，腹鳍和臀鳍浅棕色。

生活习性：栖息于河口咸淡水水域，也会进入江河下游淡水水域。

分布情况：南渡江河口咸淡水水域。

248. 双须舌虾虎鱼

Glossogobius bicirrhosus (Weber，1894)

虾虎鱼科 Gobiidae

英文名：bearded flathead goby。

主要特征：背鳍Ⅵ、Ⅰ-9；臀鳍Ⅰ-8；胸鳍18～19。体背、腹缘较平直。颏部有小须1对。体被栉鳞。头及体灰棕色，背部深色，腹部色浅。体侧隐布若干不规则的斑块。背鳍灰色，腹鳍灰黑色，胸鳍浅灰色，隐有数行横条纹，下叶边缘及鳍端灰黑色，颏须深黑色。

生活习性：暖水性底层鱼类，栖息于河口咸淡水水域；以小鱼、无脊椎动物等为食。

分布情况：南渡江河口咸淡水水域。

249. 西里伯舌虾虎鱼

Glossogobius celebius (Valenciennes，1837)

虾虎鱼科 Gobiidae

英文名：celebes goby。

主要特征：背鳍Ⅵ、Ⅰ-9；臀鳍Ⅰ-8；胸鳍18～19。体前部近圆筒形。吻尖突。下颌稍长于上颌。体被中等大的栉鳞。头及体灰褐色，背部色深，眼前下方至上颌具1条深色斜带。

生活习性：栖息于河口沙泥底质的淡水区域；主要以小型鱼类、甲壳类、无脊椎动物为食。

分布情况：南渡江灵山至河口咸淡水水域。

250. 舌虾虎鱼

Glossogobius giuris (Hamilton，1822)

英文名：tank goby。

主要特征：背鳍Ⅵ，Ⅰ-9～10；臀鳍Ⅰ-8～9；胸鳍17～18。体前部近圆筒形。体被中等大的栉鳞。头及体灰褐色，背部色深，隐布数个褐色的横斑，体侧延中轴有5个黑色的斑块。背侧具有4～5个褐色的斑块。头部棕色，眼前下方至上颌有1条黑褐色的线纹，颊部具褐色的斑块。

生活习性：栖息于浅海滩涂、海边礁石以及河口咸淡水或淡水中；主要以小型鱼类、甲壳类及无脊椎动物等为食。

分布情况：南渡江灵山至河口咸淡水水域。

251. 斑纹舌虾虎鱼

Glossogobius olivaceus (Temminck & Schelgel，1845)

虾虎鱼科 Gobiidae

主要特征：背鳍Ⅵ，Ⅰ-9；臀鳍Ⅰ-8；胸鳍18～19。体背、腹缘较平直，尾柄较高。头部在眼的后方被鳞，鳃盖上部被小鳞。头及体棕黄色，腹部白色，体侧中部有数个大黑斑，背侧有数条灰色宽阔横斑，眼后项部4群小黑斑列成2行，背部在背鳍前方附近有2个横行黑点，胸鳍基部有2个灰黑斑。

生活习性：栖息于河口咸淡水及江河下游淡水中，也见于近岸滩涂处；摄食虾类和幼鱼等。

分布情况：南渡江河口咸淡水水域。

252. 多须拟矛尾虾虎鱼

Parachaeturichthys polynema (Bleeker，1853)

虾虎鱼科 Gobiidae

英文名：taileyed goby。

主要特征：背鳍Ⅵ，Ⅰ–10～12；臀鳍Ⅰ–9；胸鳍21～23。体呈圆柱状而前部稍侧扁，向后极为侧扁。下颌具许多短须。体被大型栉鳞，头周围被圆鳞；体呈淡褐色，各鳍呈一致褐色，尾鳍具眼斑。

生活习性：栖息于泥沙底海域，也可进入河口区域；主要以小鱼、小型底栖动物等为食。

分布情况：南渡江河口咸淡水水域。

253. 双斑砂虾虎鱼

Psammogobius biocellatus (Valenciennes，1837)

虾虎鱼科 Gobiidae

英文名：sleepy goby。

曾用名/别名/俗名：双斑舌虾虎鱼。

主要特征：背鳍Ⅵ、Ⅰ-9；臀鳍Ⅰ-8；胸鳍17～18。体背、腹缘稍平直。眼小，瞳孔上部有1个有彩虹伸出暗色小斑。体被中等大的栉鳞。头及体灰褐色，头部及腹部有明显的浅色及黑色斑点，体侧一般有1纵列数个大暗斑，尾鳍隐有浅色横纹数条。

生活习性：栖息于河口咸淡水处，也见于江河下游淡水水域；主要摄食虾类、幼鱼等。

分布情况：南渡江河口咸淡水水域。

254. 云斑裸颊虾虎鱼

Yongeichthys criniger (Valenciennes，1837)

虾虎鱼科 Gobiidae

虾虎鱼目 Gobiiforme

主要特征：背鳍Ⅵ，Ⅰ-9～10；臀鳍Ⅰ-9；胸鳍17～18。体延长，前部亚圆筒形，头颇大。体被中等大栉鳞，头部完全裸露无鳞，项部无鳞。无侧线。体灰褐色，体侧有3～4个大黑斑，背侧有2～3个暗斑，头侧由眼至上颌及由眼至口角后方各有1暗色斜纹。

生活习性：栖息于沿岸滩涂及河口咸淡水水域中；主要摄食虾类及小型无脊椎动物。

分布情况：南渡江河口咸淡水水域。

255. 裸项蜂巢虾虎鱼

Favonigobius gymnauchen (Bleeker，1860)

虾虎鱼科 Gobiidae

英文名：sharp-nosed sand goby。

主要特征：背鳍Ⅵ，Ⅰ-9；臀鳍Ⅰ-9；胸鳍17。体被中大型的栉鳞，头部及背前区皆裸露无鳞。体色呈淡棕色或浅黄色，散布有不规则的褐色斑点。体侧中轴有5个排成横列的斑块；尾鳍基部有一分叉的黑色斑块。头部有不规则的褐色条斑；背鳍有许多圆形的褐色斑点，胸鳍基部上方具一黑斑。

生活习性：栖息在沿岸浅水区以及港湾、河口或红树林的沙泥底质环境中；主要以小型鱼类、甲壳类及底栖无脊椎动物为食。

分布情况：南渡江河口咸淡水水域。

256. 雷氏蜂巢虾虎鱼

Favonigobius reichei (Bleeker，1854)

虾虎鱼科 Gobiidae

虾虎鱼目

Gobiiforme

英文名：tropical sand goby。

主要特征：背鳍Ⅵ，Ⅰ-8；臀鳍Ⅰ-7；胸鳍17。体被中大型栉鳞，后部鳞片较大。第一背鳍第2鳍棘最长，呈丝状。体色呈淡棕色，体侧中央有5个排成一列的黑色斑块；各斑块由2个圆形斑组成。体侧散布有褐色的斑点，以背侧较为细密。眼下有一斜前往上颌上缘的褐色线纹。

生活习性：喜栖息于沿岸沙泥底或河口水域；多半以有机碎屑、小鱼、虾、蟹及其他无脊椎动物为食。

分布情况：南渡江河口咸淡水水域。

257. 三角捷虾虎鱼

Drombus triangularis (Weber，1909)

虾虎鱼科 Gobiidae

英文名：brown drombus。

主要特征：背鳍Ⅵ，Ⅰ-10；臀鳍Ⅰ-8；胸鳍 16～17。体延长，前部粗壮，亚圆筒形。体被中等大栉鳞。体呈灰褐色或黑色，腹部色浅，头侧有暗色或淡色小点，体侧有 3 条不规则暗色横纹，并散有白色小点，背鳍灰褐色，尾鳍浅褐色，有许多不规则淡色小点。

生活习性：栖息于咸淡水的河口区及砾石、沙砾地质的浅海区；主要以底栖无脊椎动物为食。

分布情况：南渡江河口咸淡水水域。

258. 绿斑细棘虾虎鱼

Acentrogobius chlorostigmatoides (Bleeker，1849)

虾虎鱼科 Gobiidae

英文名：greenspot goby。

主要特征：背鳍Ⅵ，Ⅰ-10；臀鳍Ⅰ-9；胸鳍18～20。体延长，前部成亚圆筒形，后部较侧扁。体被中大型的栉鳞。体呈褐色，腹侧呈浅褐色，体侧散布有青绿色的亮斑，体下半侧具有数列绿黑色的细斑，鳃盖的后上方有1个较大的蓝青色斑块，尾鳍基部上方有1个暗斑。

生活习性：栖息于河口、红树林区潮沟、近海沿岸等水域；主要以小型虾、蟹、小鱼等为食。

分布情况：南渡江河口咸淡水水域。

259. 青斑细棘虾虎鱼

Acentrogobius viridipunctatus (Valenciennes，1837)

虾虎鱼科 Gobiidae

英文名：spotted green goby。

主要特征：背鳍 Ⅵ，Ⅰ-10；臀鳍Ⅰ-9；胸鳍 18 ～ 20。体延长，前部圆筒形，后部侧扁，下颌稍突出。体被中等大栉鳞。体呈黑绿色，体侧具 5 个大暗斑，背侧具不明显暗色斑块，后部具蓝绿色小斑点，鳞片大多具小亮斑，头部自眼下至前鳃盖骨具 1 条斜行黑带，口裂后缘的后方具 1 个椭圆形黑斑。

生活习性：主要栖息于泥滩底质的河口或红树林区沿岸内湾的浅水区及潮地中；主要摄食小型甲壳类、小鱼等。

分布情况：南渡江河口咸淡水水域。

虾虎鱼目 Gobiiforme

260. 犬牙缰虾虎鱼

Amoya caninus (Valenciennes，1837)

虾虎鱼科 Gobiidae

英文名：dog-toothed goby。

主要特征：背鳍Ⅵ，Ⅰ-9～10；臀鳍Ⅰ-9；胸鳍17～19。体前部近圆筒形，后部侧扁。头部除项部及鳃盖骨被小圆鳞外无鳞。头及体棕黄色，微灰，体背侧有数条不规则的灰黑色横纹，腹部白色，臀鳍有数个小白点，胸鳍橘色，有数根黑色条纹，基部浅黄色，有1个黑斑，腹鳍灰白色。

生活习性：栖息于河口水域、红树林及沿海沙泥底的环境。主要以底栖动物、小型鱼类、有机碎屑等为食。

分布情况：南渡江河口咸淡水水域。

261. 短吻缰虾虎鱼

Amoya brevirostris Günther，1861

虾虎鱼科 Gobiidae

主要特征：背鳍Ⅵ，Ⅰ-10；臀鳍Ⅰ-9；胸鳍16～17。体延长，侧扁，尾柄长而高，吻短而圆钝。体被中等大栉鳞，头及体为淡褐色，体侧正中有 1 条不甚清晰的暗色纵带，臀鳍边缘及腹鳍均呈浅灰色。

生活习性：底层鱼类。

分布情况：南渡江河口咸淡水水域。

262. 马达拉斯缰虾虎鱼

Amoya madraspatensis (Day，1868)

虾虎鱼科 Gobiidae

主要特征：背鳍Ⅵ，Ⅰ-9；臀鳍Ⅰ-9；胸鳍16~17。体延长，颇侧扁。体被中大型栉鳞，头部的颊部、鳃盖部完全裸露无鳞。无侧线。头及体呈褐色，腹部浅色。体侧约具14条灰黑色细横纹，并隐布数条暗线纹。头部具不规则暗点。

生活习性：栖息于河口咸淡水水域及沿海水域。

分布情况：南渡江河口咸淡水水域。

263.中华花鲆

Tephrinectes sinensis (Lacepède，1802)

牙鲆科 Paralichthidae

英文名：large-tooth flounder。

曾用名/别名/俗名：花鲆、华鲆。

主要特征：背鳍45～47；臀鳍37～38；胸鳍13～14。体呈椭圆形；两眼大部分位于左侧，但亦有反转而位于右侧者；除吻部、眼间隔和颌部外，头均被小鳞。无眼侧体无色，有眼侧体为褐色。身上有黑色小点，奇鳍上也有较大和较小的暗斑。

生活习性：栖息于沿海浅水域，亦进入咸淡水、淡水水域；主要捕食小鱼和底栖甲壳类。

分布情况：南渡江河口咸淡水水域。

264. 马来斑鲆

Pseudorhombus malayanus Bleeker，1865

英文名：malayan flounder。

主要特征：背鳍74；臀鳍54；胸鳍12。体卵圆形，侧扁，两眼均位于头的左侧。体两侧均被小栉鳞，仅无眼侧头部被圆鳞。体左右侧的侧线发达，前方有一颗上枝。有眼侧呈浅褐色，背鳍、臀鳍和尾鳍均有大形暗斑。

生活习性：栖息于河口咸淡水及沿岸海域。

分布情况：南渡江河口咸淡水水域。

265. 南海斑鲆

Pseudorhombus neglectus Bleeker，1865

牙鲆科 Paralichthidae

英文名：large-tooth flounder。

主要特征：背鳍74；臀鳍58；胸鳍12。体长卵圆形；两眼均在左侧。有眼侧被栉鳞，无眼侧被圆鳞，除吻部和鳃盖后缘外全部被鳞，各鳍均被鳞。有眼侧体灰褐色，上有数个暗色圆斑。背鳍、臀鳍和尾鳍有暗色小斑点。

生活习性：栖息于河口咸淡水交界处及近海一带；主要捕食小鱼和底栖甲壳类。

分布情况：南渡江河口咸淡水水域。

266. 卵鳎

Solea ovata Richardson，1846

鳎科 Soleidae

英文名：ovate sole。

主要特征：背鳍63～67；臀鳍47～51；胸鳍7～8。体长卵圆形，背缘和腹缘稍隆起，尾柄短而高。体两侧及各鳍被小鳞。体呈橄榄褐色，且散布小黑点，沿背缘有5个黑圆斑，沿腹缘则有4个，沿侧线则有7～8个；胸鳍外缘2/3为深黑色。

生活习性：栖息于热带海域，偶尔会进入河口区；以底栖甲壳类为食。

分布情况：南渡江灵山至河口咸淡水水域。

267. 东方箬鳎

Brachirus orientalis (Bloch & Schneider，1801)

英文名：oriental sole。

曾用名/别名/俗名：东方宽箬鳎。

主要特征：背鳍60～64；臀鳍47～48；胸鳍7。体侧扁，椭圆形。体两侧均被栉鳞，有眼侧体灰褐色，散布黑色小点，沿体背、腹缘及中央各有1列云状灰黑色斑，体中部有1列垂直黑色短纹，胸鳍黑褐色；无眼侧淡黄白色。

生活习性：栖息于沿岸较浅的泥沙底质水域；以底栖甲壳类为食。

分布情况：南渡江灵山至河口咸淡水水域。

268. 带纹条鳎

Zebrias zebra (Bloch，1787)

鳎科 Soleidae

英文名：zebra sole。

主要特征：体长椭圆形，甚侧扁；两眼均位于右侧，两眼相邻，无黑褐色短触须，眼间隔处有鳞片。体两侧皆被栉鳞；侧线单一，侧线被圆鳞。有眼侧体黄褐色，由头至尾有12对黑褐环带或20～23条横带；尾鳍为黑褐色，有白斑点。

生活习性：栖息于沿海泥沙底质区域；以底栖甲壳类为食。

分布情况：南渡江灵山至河口咸淡水水域。

269. 豹鳎

Pardachirus pavoninus (Lacépède，1802)

鳎科 **Soleidae**

英文名：peacock sole。

曾用名/别名/俗名：眼斑豹鳎。

主要特征：体长卵形，极侧扁；两眼皆在右侧，眼间隔处具鳞片。有眼侧体呈淡黄褐色，头部、体侧及各鳍具边缘有黑环的不规则白斑点，有的中央尚有灰黑点。无眼侧淡黄白色。

生活习性：栖息于沿岸潟湖沙泥底质水域；以底栖动物为食，尤其是甲壳类。皮肤有毒性。

分布情况：南渡江河口咸淡水水域。

270. 斑头舌鳎

Cynoglossus puncticeps (Richardson，1846)

舌鳎科 Cynoglossidae

英文名：speckled tonguesole。

主要特征：背鳍 95 ~ 98；臀鳍 74 ~ 78；腹鳍 4。体长舌形，极侧扁；两眼均位于左侧。两侧被栉鳞，眼间隔处具鳞片；有眼侧有 2 条侧线。背鳍、臀鳍与尾鳍相连；无胸鳍；腹鳍与臀鳍相连；尾鳍尖形。有眼侧褐色而散布黑斑块，鳍黄褐色，具黑褐色垂直条纹；无眼侧淡色，鳍淡灰白色。

生活习性：栖息于近岸沙泥底质区域，也会进入河口水域或河川下游；主要以底栖无脊椎动物为食。

分布情况：南渡江河口咸淡水水域。

271. 短吻红舌鳎

Cynoglossus joyneri Günther，1878

舌鳎科 Cynoglossidae

英文名：red tonguesole。

主要特征：背鳍 107 ～ 116；臀鳍 85 ～ 90；腹鳍 4。体长舌形，极侧扁；两眼均位于左侧，两眼不相连。有眼侧淡红褐色至黄褐色，鳞片中央具由暗色点形成的纵纹，鳍为淡黄色；无眼侧白色，鳍淡灰白色。

生活习性：栖息于沿海泥沙底质水域；主要以多毛类及底栖甲壳类等为食。

分布情况：南渡江河口咸淡水水域。

272. 长钩须鳎

Paraplagusia bilineata (Bloch，1787)

鲽形目 Pleuronectiformes

舌鳎科 Cynoglossidae

英文名：doublelined tonguesole。

主要特征：背鳍 96 ~ 119；臀鳍 75 ~ 92；腹鳍 4。体甚长且侧扁，两眼均位于左侧，两眼分开。两侧均被以小型栉鳞，各鳍均不被鳞。有眼侧有 2 条侧线。仅有眼侧有腹鳍。体褐色并具浅色之不规则圆斑。

生活习性：栖息于沿海泥沙底质水域，也会进入河口；主要以底栖无脊椎动物为食。

分布情况：南渡江河口咸淡水水域。

273. 日本须鳎

Paraplagusia japonica (Temminck & Schlegel，1864)

舌鳎科 Cynoglossidae

英文名：black cow-tongue。

主要特征：背鳍106～117；臀鳍84～92；腹鳍4。体甚长侧扁；两眼均位于左侧，两眼分开。眼间隔处具鳞片；有眼侧被栉鳞，无眼侧被圆鳞；有眼侧有3条侧线，无眼侧无侧线。有眼侧体灰黑色至黑褐色，具不规则小斑点，鳍黄褐色；无眼侧白色，鳍黑色。

生活习性：栖息于沿海泥沙底质区域；主要以底栖无脊椎动物为食。

分布情况：南渡江河口咸淡水水域。

274. 拟三棘鲀

Triacanthodes anomalus (Temminck & Schlegel，1850)

拟三棘鲀科 Triacanthodidae

主要特征：背鳍Ⅴ～Ⅵ，14～16；臀鳍12～14；胸鳍12～15。体长椭圆形，侧扁而高。体被细鳞。体淡红色，有2条明显黄带，一条从眼上方延伸至背鳍末端，一条从眼后延伸至臀鳍基前缘。

生活习性：主要栖息于大陆棚缘附近水域的底层鱼类，偶尔会进入河口水域。

分布情况：南渡江河口咸淡水水域。

275. 纹腹叉鼻鲀

Arothron hispidus (Linnaeus，1758)

四齿鲀科 Tetraodontidae

英文名：whitespotted puffer。

主要特征：背鳍10 ～ 11；臀鳍10 ～ 11；胸鳍17 ～ 19。体长椭圆形，体头部粗圆，尾柄侧扁。体背、腹面除眼周围与尾柄后部外，全布满小棘。无腹鳍。体背、头与体侧有大小不一的白圆斑，喉部圆斑大，尾柄圆斑小；腹部底有许多平行的深褐色细纹；眼睛与鳃孔周围有1 ～ 3条不明显的白线；背鳍基部与胸鳍基部黑色；除胸鳍黄褐色外，各鳍棕色。

生活习性：主要栖息于潟湖，亦被发现于河口区；以藻类、碎屑、有孔虫、多毛类、小型腹足类和鱼类等为食。

分布情况：南渡江河口咸淡水水域。

鲀形目 Tetraodontiformes

276. 无斑叉鼻鲀

Arothron immaculatus (Bloch & Schneider, 1801)

四齿鲀科 Tetraodontidae

英文名：immaculate puffer。

主要特征：背鳍9～11；臀鳍9～11。体长椭圆形，体头部粗圆，尾柄侧扁。口小，端位。上下颌各有2个喙状大牙板。吻短，圆钝。无腹鳍。体背部灰褐色，腹面白色；鳃孔与胸鳍基部通常颜色较深；上唇边缘白色。背鳍、臀鳍与尾鳍浅灰棕色；尾鳍外缘黑色；胸鳍灰白色。

生活习性：主要栖息于潟湖、红树林区及河口水域；主要以藻类、碎屑及小型底栖无脊椎动物为食。

分布情况：南渡江河口咸淡水水域。

277. 凹鼻鲀

Chelonodon patoca (Hamilton，1822)

四齿鲀科 Tetraodontidae

英文名：pufferfish。

主要特征：背鳍9～10；臀鳍8。体亚圆筒形，稍侧扁，体前部粗圆，向后渐细，尾柄呈长圆锥状。体背部及体侧上半部为黄褐色，体侧下半部为黄色，腹面乳白色；背侧及体侧散布许多淡色椭圆形斑；眼眶间隔具黑色横带。各鳍灰黄色，但尾鳍后半部灰黑色。

生活习性：常栖息于河口、潟湖，甚至河川下游等潮水可到达的水域；主要以软体动物、甲壳类、棘皮动物及鱼类等为食。

分布情况：南渡江河口咸淡水水域。

278. 星点多纪鲀

Takifugu niphobles (Jordan & Snyder，1901)

四齿鲀科 Tetraodontidae

英文名：grass puffer。

曾用名/别名/俗名：星点东方鲀。

主要特征：背鳍12～13；臀鳍11；胸鳍15～17。体背、腹面及两侧均被小棘，小棘基底具圆形肉质突起。背部有许多大小不等的淡绿色圆斑，斑的边缘黄褐色，形成网纹。体上部有数条深褐色横带。胸鳍后上方和背鳍基底有不明显黑斑。

生活习性：常栖息于河口水域；主要以软体动物、甲壳类、棘皮动物及鱼类等为食。

分布情况：南渡江河口咸淡水水域。

279. 横纹多纪鲀

Takifugu oblongus (Bloch，1786)

四齿鲀科 Tetraodontidae

英文名：lattice blaasop。

曾用名/别名/俗名：横纹东方鲀。

主要特征：背鳍17～18；臀鳍14～15。体亚圆筒形，稍侧扁，体前部粗圆，向后渐细，尾柄呈长圆锥状。体背部为黄褐色，腹面乳白色；体背具许多白色小圆点；体侧具十余条白色鞍状斑；纵行皮褶黄色。各鳍黄色，背鳍、尾鳍颜色较深。

生活习性：常栖息于河口水域；主要以软体动物、甲壳类、棘皮动物及鱼类等为食。

分布情况：南渡江河口咸淡水水域。

280. 弓斑多纪鲀

Takifugu ocellatus (Linnaeus，1758)

四齿鲀科 Tetraodontidae

英文名：pufferfish。

曾用名/别名/俗名：弓斑东方鲀。

主要特征：背鳍13 ～ 14；臀鳍12；胸鳍16。体躯干部粗壮，腹部圆形，尾部渐细狭、侧扁。体背部为黄绿色，腹面乳白色；胸鳍上方具一橙黄缘的黑色鞍状斑；背鳍基部另具黑斑块。各鳍浅黄色。

生活习性：常栖息于近海及河口咸淡水水域，也可进入淡水江段；主要以软体动物、甲壳类、棘皮动物及鱼类等为食。

分布情况：南渡江河口咸淡水水域。

REFERENCES 参考文献

陈成豪, 王旭涛, 程文, 等, 2020. 海南省南渡江流域水生态健康评估[M]. 北京: 中国水利水电出版社.

陈明茹, 肖佳媚, 刘敏, 等, 2021. 鱼类学实验[M]. 厦门: 厦门大学出版社.

陈宜瑜, 1998. 中国动物志硬骨鱼纲鲤形目(中卷) [M]. 北京: 科学出版社.

成庆泰, 郑葆珊, 1987. 中国鱼类系统检索[M]. 北京: 科学出版社.

褚新洛, 郑葆珊, 戴定远, 1999. 中国动物志硬骨鱼纲鲇形目[M]. 北京: 科学出版社.

广西壮族自治区水产研究所, 中国科学院动物研究所, 1981. 广西淡水鱼类志[M]. 广西: 广西人民出版社.

国家水产总局南海水产研究, 1979. 南海诸岛海域鱼类志[M]. 北京: 科学出版社.

李家乐, 董志国, 等, 2007. 中国外来水生动物植物[M]. 上海科学技术出版社.

蒋志刚, 江建平, 王跃招, 等, 2016. 中国脊椎动物红色名录[J]. 生物多样性, 24(5): 501-551, 615.

全国水产技术推广总站, 中国水产学会, 2020. 中国常见外来水生动植物图鉴[M]. 北京: 中国农业出版社.

申志新, 王德强, 李高俊, 等, 2021. 海南淡水及河口鱼类图鉴[M]. 北京: 中国农业出版社.

沈世杰, 1993. 台湾鱼类志[M]. 台湾: 台湾大学动物学系.

水柏年, 赵盛龙, 韩志强, 等, 2019. 系统鱼类学[M]. 北京: 海洋出版社.

颜云榕, 易木荣, 冯波, 2021. 南海经济鱼类图鉴[M]. 北京: 科学出版社.

乐佩琦, 2000. 中国动物志硬骨鱼纲鲤形目(下卷) [M]. 北京: 科学出版社.

张鹗, 曹文宣, 2021. 中国生物多样性红色名录: 脊椎动物　第五卷　淡水鱼类(上下册) [M]. 北京: 科学出版社.

张春光. 赵亚辉, 等, 2016. 中国内陆鱼类物种鱼分布[M]. 北京: 科学出版社.

张世义, 2001. 中国动物志. 硬骨鱼纲: 鲟形目　海鲢目　鲱形目　鼠鱚目[M]. 北京: 科学出版社.

中国水产科学研究院珠江水产研究所, 华南师范大学, 暨南大学, 等, 1991. 广东淡水鱼类志[M]. 广州: 广东科技出版社.

中国水产科学研究院珠江水产研究所, 上海水产大学, 中国水产科学研究院东海水产研究所, 等, 1986. 海南岛淡水及河口鱼类志[M]. 广州: 广东科技出版社.

中国野生动物保护协会, 2023. 国家重点保护野生动物图鉴[M]. 福建: 海峡书局.

周铭泰, 高瑞卿, 张瑞宗, 等, 2020. 台湾淡水及河口鱼虾图鉴[M]. 台中: 晨星出版有限公司.

朱松泉, 1995. 中国淡水鱼类检索[M]. 江苏: 江苏科学技术出版社.

《福建鱼类志》编写组, 1984. 福建鱼类志(上) [M]. 福建: 福建科技出版社.

伍汉霖, 邵广昭, 等, 2017. 拉汉世界鱼类系统名典[M]. 青岛: 中国海洋大学出版社.

伍汉霖, 钟俊生, 2021. 中国海洋及河口鱼类系统检索[M]. 北京: 中国农业出版社.

伍汉霖, 钟俊生, 2008. 中国动物志. 硬骨鱼纲: 鲈形目(五). 虾虎鱼亚目[M]. 北京: 科学出版社.

Chen Y, Chen H, He D, et al., 2018. Two new species of the genus Cobitis (Cypriniformes: Cobitidae) from South China[J]. Zoological Systematics, 43(2): 156-168.

Chen Y, Sui X, Liang N, et al., 2016. Two new species of the genus Cobitis Linnaeus (Teleostei: Cobitidae) from southern China[J]. Chinese Journal of Oceanology and Limnology, 34(3): 517-525.

Vasil'eva E D, Vasil'ev V P, Nemkova G A, et al., 2022. Phylogenetic relationships and taxonomy of the carp fish of genus Hemiculter (Cyprinidae, Xenocypridinae): species of the group H. leucisculus[J]. Journal of Ichthyology, 62(1): 1-15.

附录 APPENDIX

附录1 海南淡水及河口鱼类名录

序号	目	科	种类	拉丁名	南渡江	备注
1	鲼形目	魟科	赤魟	*Hemitrygon akaje*	+	
2	海鲢目	海鲢科	海鲢	*Elops machnata*	+	
3		大海鲢科	大海鲢	*Megalops cyprinoides*	+	
4	鼠鱚目	遮目鱼科	遮目鱼	*Chanos chanos*	+	
5	鲱形目	鲱科	花鰶	*Clupanodon thrissa*	+	
6			斑鰶	*Konosirus punctatus*	+	
7			圆吻海鰶	*Nematalosa nasus*	+	
8			日本海鰶	*Nematalosa japonica*	+	
9			花点鲥	*Hilsa kelee*	+	
10			叶鲱	*Escualosa thoracata*	+	
11		锯腹鳓科	鳓	*Ilisha elongata*	+	
12		鳀科	赤鼻棱鳀	*Thryssa chefuensis*		
13			杜氏棱鳀	*Thryssa dussumieri*		
14			中颌棱鳀	*Thryssa mystax*	+	
15			汉氏棱鳀	*Thryssa hamiltonii*	+	
16			长颌棱鳀	*Thryssa setirostris*	+	
17			黄鲫	*Setipinna tenuifilis*	+	
18			中华侧带小公鱼	*Stolephorus chinensis*		
19			康氏侧带小公鱼	*Stolephorus commersonnii*	+	
20			七丝鲚	*Coilia grayii*	+	

附录 | 285

序号	目	科	种类	拉丁名	南渡江	备注
21	鳗鲡目	鳗鲡科	日本鳗鲡	*Anguilla japonica*	+	
22			花鳗鲡	*Anguilla marmorata*	+	
23			乌耳鳗鲡	*Anguilla nigricans*		
24		海鳝科	匀斑裸胸鳝	*Gymnothorax reevesii*	+	
25			异纹裸胸鳝	*Gymnothorax richardsonii*	+	
26			长鳝	*Strophidon sathete*	+	
27		海鳗科	灰海鳗	*Muraenesox cinereus*	+	
28		蛇鳗科	裸鳍虫鳗	*Muraenichthys gymnopterus*	+	
29			马拉邦虫鳗	*Muraenichthys thompsoni*		
30			中华须鳗	*Cirrhimuraena chinensis*	+	
31			杂食豆齿鳗	*Pisodonophis boro*	+	
32			食蟹豆齿鳗	*Pisodonophis cancrivorus*	+	
33			尖吻蛇鳗	*Ophichthus apicalis*		
34			长鳍褐蛇鳗	*Bascanichthys longipinnis*		
35		蚓鳗科	大头蚓鳗	*Moringua macrocephalus*		
36	鲤形目	鲤科	鳡	*Ochetobius elongatus*		* ⊖
37			南方波鱼	*Rasbora steineri*	+	
38			海南异鱲	*Parazacco fasciatus*	+	★
39			海南马口鱼	*Opsariichthys hainanensis*	+	
40			黄臀唐鱼	*Tanichthys flavianalis*		
41			拟细鲫	*Aphyocypris normalis*	+	
42			林氏细鲫	*Aphyocypris lini*	⊖	
43			宽鳍鱲	*Zacco platypus*	⊖	
44			彩副鱊	*Paracheilognathus imberbis*		⊖
45			鳊	*Parabramis pekinensis*		⊖
46			施氏高体鲃	*Barbonymus schwanenfeldii*		*
47			青鱼	*Mylopharyngodon piceus*	+	*
48			草鱼	*Ctenopharyngodon idella*	+	*
49			赤眼鳟	*Squaliobarbus curriculus*	+	
50			蒙古鲌	*Culter mongolicus*	+	
51			红鳍鲌	*Culter erythropterus*	+	
52			海南鲌	*Culter recurviceps*	+	
53			海南拟鳘	*Pseudohemiculter hainanensis*	+	
54			三角鲂	*Megalobrama terminalis*	+	

序号	目	科	种类	拉丁名	南渡江	备注
55			海南华鳊	*Sinibrama melrosei*	+	
56			海南鲻	*Hainania serrata*	+	★
57			线纹梅氏鳊	*Metzia lineata*	+	
58			台湾梅氏鳊	*Metzia formosae*	+	
59			海南似鳣	*Toxabramis houdemeri*	+	
60			高氏鲦	*Hemiculter yungaoi*	+	
61			黄尾鲴	*Xenocypris davidi*	+	
62			银鲴	*Xenocypris macrolepis*	+	
63			高体鳑鲏	*Rhodeus ocellatus*	+	
64			刺鳍鳑鲏	*Rhodeus spinalis*	+	
65			原田鳑鲏	*Rhodeus haradai*	+	★
66			大鳍鱊	*Acanthorhodeus macropterus*	+	
67			越南鱊	*Acanthorhodeus tonkinensis*	+	
68			疏斑小鲃	*Puntius paucimaculatus*		★
69			条纹小鲃	*Puntius semifasciolatus*	+	
70			光倒刺鲃	*Spinibarbus hollandi*	+	
71			倒刺鲃	*Spinibarbus denticulatus*	+	
72	鲤形目	鲤科	海南吻孔鲃	*Poropuntius ikedai*		★
73			厚唇光唇鱼	*Acrossocheilus labiatus*		
74			虹彩光唇鱼	*Acrossocheilus iridescens*	+	
75			海南瓣结鱼	*Folifer hainanensis*	Θ	★
76			海南鳅鮀	*Gobiobotia kolleri*	+	
77			细尾白甲鱼	*Onychostoma lepturum*	+	
78			南方白甲鱼	*Onychostoma gerlachi*	+	
79			盆唇高鲮	*Altigena discognathoides*	+	★
80			纹唇鱼	*Osteochilus salsburyi*	+	
81			鲮	*Cirrhinus molitorella*	+	
82			麦瑞加拉鲮	*Cirrhinus cirrhosus*	+	*
83			南亚野鲮	*Labeo rohita*	+	*
84			大头亮鲃	*Luciobarbus capito*		*
85			海南墨头鱼	*Garra hainanensis*		★
86			东方墨头鱼	*Garra orientalis*	+	
87			间鳍	*Hemibarbus medius*	+	
88			花鳍	*Hemibarbus maculatus*		*Θ

（续）

序号	目	科	种类	拉丁名	南渡江	备注
89			麦穗鱼	*Pseudorasbora parva*	+	
90			海南黑鳍鳈	*Sarcocheilichthys hainanensis*	+	
91			银鮈	*Squalidus argentatus*	+	
92			小银鮈	*Squalidus minor*	Θ	★
93			暗斑银鮈	*Squalidus atromaculatus*	+	
94			点纹银鮈	*Squalidus wolterstorffi*	+	
95			嘉积小鳔鮈	*Microphysogobio kachekensis*	+	★
96			似鮈	*Pseudogobio vaillanti*	+	
97		鲤科	无斑蛇鮈	*Saurogobio immaculatus*	+	
98			尖鳍鲤	*Cyprinus acutidorsaulis*	+	
99			鲤	*Cyprinus rubrofuscus*	+	
100			须鲫	*Carassioides acuminatus*	+	
101			鲫	*Carassius auratus*	+	
102			黑点道森鲃	*Dawkinsia filamentosa*		*
103			花鲢	*Hypophthalmichthys nobilis*	+	*
104			鲢	*Hypophthalmichthys molitrix*	+	*
105	鲤形目		大鳞鲢	*Hypophthalmichthys harmandi*	Θ	
106			美丽沙猫鳅	*Traccatichthys pulcher*	+	
107		条鳅科	海南沙猫鳅	*Traccatichthys zispi*	+	★
108			横纹南鳅	*Schistura fasciolata*	+	
109			无斑南鳅	*Schistura incerta*	+	
110			白沙花鳅	*Cobitis baishagenisi*	+	
111			沙花鳅	*Cobitis arenae*	+	
112			尖头花鳅	*Cobitis oxycephala*	+	
113		鳅科	美丽华沙鳅	*Sinibotia pulchra*	+	
114			泥鳅	*Misgurnus anguillicaudatus*	+	
115			大鳞副泥鳅	*Paramisgurnus dabryanus*	+	*
116			伍氏华吸鳅	*Sinogastromyzon wui*		
117			广西爬鳅	*Balitora kwangsiensis*	+	
118			保亭近腹吸鳅	*Plesiomyzon baotingensis*		★
119		爬鳅科	琼中拟平鳅	*Liniparhomaloptera qiongzhongensis*	+	★
120			海南原缨口鳅	*Vanmanenia hainanensis*		★
121			爬岩鳅	*Beaufortia leveretti*	+	

序号	目	科	种类	拉丁名	南渡江	备注
122	脂鲤目	脂鲤科	短盖肥脂鲤	*Piaractus brachypomus*	+	*
123			喷点银板鱼	*Metynnis maculatus*	+	*
124	鲇形目	鲇科	糙隐鳍鲇	*Pterocryptis anomala*	+	
125			越南隐鳍鲇	*Pterocryptis cochinchinensis*	+	
126			鲇	*Silurus asotus*	+	
127		胡子鲇科	蟾胡子鲇	*Clarias batrachus*	+	*
128			棕胡子鲇	*Clarias fuscus*	+	
129			革胡子鲇	*Clarias gariepinus*	+	*
130		鳗鲇科	线纹鳗鲇	*Plotosus lineatus*	+	
131		巨鲇科	低眼无齿鲇	*Pangasianodon hypophthalmus*	+	*
132		甲鲇科	豹纹翼甲鲇	*Pterygoplichthys pardalis*	+	*
133		长臀鮠科	海南长臀鮠	*Cranoglanis multiradiatus*	+	★
134		鮰科	斑真鮰	*Ictalurus punctatus*	+	*
135		鲿科	黄颡疯鲿	*Tachysurus fulvidraco*	+	*
135			瓦氏疯鲿	*Tachysurus vachelli*		
137			中间疯鲿	*Tachysurus intermedius*	+	
138			纵纹疯鲿	*Tachysurus virgatus*	+	
139			纵带疯鲿	*Tachysurus argentivittatus*	+	
140			海南半鲿	*Hemibagrus hainanensis*	+	
141			斑半鲿	*Hemibagrus guttatus*	+	
142		鮡科	海南纹胸鮡	*Glyptothorax hainanensis*	+	
143		海鲇科	斑海鲇	*Arius maculatus*	+	
144			中华海鲇	*Arius sinensis*		
145	鳉形目	花鳉科	茉莉花鳉	*Poecilia latipinna*		*
146			孔雀花鳉	*Poecilia reticulata*	+	*
147			食蚊鱼	*Gambusia affinis*	+	*
148	颌鳞鱼目	怪颌鳉科	鳍斑青鳉	*Oryzias pectoralis*	+	
149			弓背青鳉	*Oryzias curvinotus*	+	★
150		鹤鱵科	尾斑圆尾鹤鱵	*Strongylura strongylura*	+	
151			乔氏吻鱵	*Rhynchorhamphus georgii*	+	
152		鱵科	斑鱵	*Hemiramphus far*	+	
153			澳洲鱵	*Hemiramphus robustus*	+	

序号	目	科	种类	拉丁名	南渡江	备注
154	鹤鱵目	鱵科	异鳞鱵	*Zenarchopterus buffonis*	+	
155			瓜氏下鱵	*Hyporhamphus quoyi*	+	
156	海龙目	海龙科	短吻海龙	*Halicampus spinirostris*		
157			前鳍多环海龙	*Hippichthys heptagonus*		
158			带纹多环海龙	*Hippichthys spicifer*	+	
159			无棘腹囊海龙	*Microphis leiaspis*		
160			克氏海马	*Hippocampus kelloggi*	+	
161			三斑海马	*Hippocampus trimaculatus*	+	
162	鲻形目	鲻科	黄鲻	*Ellochelon vaigiensis*		
163			鲻	*Mugil cephalus*	+	
164			硬头骨鲻	*Osteomugil cunnesius*		
165			棱鲛	*Planiliza carinatas*	+	
166			鲛	*Planiliza haematocheila*	+	
167			大鳞鲛	*Chelon macrolepis*	+	
168			粗鳞鲛	*Planiliza subviridis*	+	
169	合鳃鱼目	合鳃鱼科	黄鳝	*Monopterus albus*	+	
170		刺鳅科	大刺鳅	*Mastacembelus armatus*	+	
171	鲈形目	魣科	日本魣	*Sphyraena japonica*	+	
172			斑条魣	*Sphyraena jello*		
173		马鲅科	四指马鲅	*Eleutheronema tetradactylum*	+	
174			黑斑多指马鲅	*Polydactylus sextarius*	+	
175		双边鱼科	眶棘双边鱼	*Ambassis gymnocephalus*	+	
176			古氏双边鱼	*Ambassis kopsi*	+	
177			小眼双边鱼	*Ambassis miops*	+	
178		雀鲷科	岩豆娘鱼	*abudefduf saxatilis*	+	
179		鳜科	中国少鳞鳜	*Coreoperca whiteheadi*	+	
180			鳜	*Siniperca chuatsi*		*
181			高体鳜	*Siniperca vietnamensis*	⊖	★
182		鮨科	点带石斑鱼	*Epinephelus coioides*	+	
183		尖吻鲈科	尖吻鲈	*Lates calcarifer*	+	
184		鱚科	斑鱚	*Sillago aeolus*	+	
185			多鳞鱚	*Sillago sihama*	+	
186		鲹科	六带鲹	*Caranx sexfasciatus*	+	
187			杜氏鰤	*Seriola dumerili*	+	

序号	目	科	种类	拉丁名	南渡江	备注
188		鲹科	长颌似鲹	*Scomberoides lysan*		
189			布氏鲳鲹	*Trachinotus blochii*	+	
190		石首鱼科	棘头梅童鱼	*Collichthys lucidus*	+	
191			团头叫姑鱼	*Johnius amblycephalus*	+	
192			皮氏叫姑鱼	*Johnius belangerii*	+	
193			勒氏枝鳔石首鱼	*Dendrophysa russelii*	+	
194			浅色黄姑鱼	*Nibea coibor*	+	
195			黄姑鱼	*Nibea albiflora*	+	
196			大眼白姑鱼	*Pennahia anea*		
197			斑鳍白姑鱼	*Pennahia pawak*		
198		须鲷科	黑斑绯鲤	*Upeneus tragula*	+	
199			日本绯鲤	*Upeneus japonicus*	+	
200	鲈形目	鲾科	静仰口鲾	*Secutor insidiator*	+	
201			鹿斑仰口鲾	*Secutor ruconius*	+	
202			短吻鲾	*Leiognathus brevirostris*	+	
203			短棘鲾	*Leiognathus equulus*	+	
204			圈项鲾	*Nuchequula mannusella*	+	
205			项斑项鲾	*Nuchequula nuchalis*	+	
206			小牙鲾	*Gazza minuta*		
207		银鲈科	长棘银鲈	*Gerres filamentosus*	+	
208			短棘银鲈	*Gerres limbatus*	+	
209		笛鲷科	紫红笛鲷	*Lutjanus argentimaculatus*	+	
210			约氏笛鲷	*Lutjanus johni*	+	
211			勒氏笛鲷	*Lutjanus russellii*	+	
212			单斑笛鲷	*Lutjanus monostigma*	+	
213			金焰笛鲷	*Lutjanus fulviflamma*	+	
214			千年笛鲷	*Lutjanus sebae*		
215		天竺鲷科	弓线天竺鲷	*Fibramia amboinensis*		
216			宽条鹦天竺鲷	*Ostorhinchus fasciatus*	+	
217		鲷科	二长棘犁齿鲷	*Evynnis cardinalis*	+	
218			灰鳍棘鲷	*Acanthopagrus berda*	+	
219			黄鳍棘鲷	*Acanthopagrus latus*	+	
220			黑棘鲷	*Acanthopagrus schlegelii*	+	
221		鳚科	斑头肩鳃鳚	*Omobranchus fasciolatoceps*	+	

序号	目	科	种类	拉丁名	南渡江	备注
222		鳚科	凶猛肩鳃鳚	*Omobranchus ferox*	+	
223			斑点肩鳃鳚	*Omobranchus punctatus*	+	
224			短头跳岩鳚	*Petroscirtes breviceps*	+	
225		石鲈科	大斑石鲈	*Pomadasys maculates*	+	
226			横带髭鲷	*Hapalogenys analis*	+	
227		鯻科	突吻鯻	*Rhynchopelates oxyrhynchus*	+	
228			细鳞鯻	*Therapon jarbua*	+	
229			四线列牙鯻	*Pelates quadrilineatus*	+	
230		鸡笼鲳科	斑点鸡笼鲳	*Drepane punctata*	+	
231		鸢鱼科	银大眼鲳	*Monodactylus argenteus*	+	
232		金钱鱼科	金钱鱼	*Scatophagus argus*	+	
233			多纹钱蝶鱼	*Selenotoca multifasciata*	+	
234		汤鲤科	大口汤鲤	*Kuhlia rupestris*		
235			黑边汤鲤	*Kuhlia marginata*		
236		棘臀鱼科	蓝鳃太阳鱼	*Lepomis macrochirus*	+	*
237	鲈形目		大口黑鲈	*Micropterus salmoides*	+	*
238			莫桑比克口孵非鲫	*Oreochromis mossambicus*	+	*
239			奥利亚口孵非鲫	*Oreochromis aureus*	+	*
240			尼罗口孵非鲫	*Oreochromis niloticus*	+	*
241			齐氏非鲫	*Coptodon zillii*	+	*
242			布氏奇非鲫	*Heterotilapia buttikoferi*	+	*
243			伽利略帚齿非鲫	*Sarotherodon galilaeus*	+	*
244			花身副丽鱼	*Parachromis managuensis*	+	*
245		丽鱼科	眼点丽鱼	*Cichla ocellaris*		*
246			双斑半丽鱼	*Hemichromis bimaculatus*		*
247			橘色双冠丽鱼	*Amphilophus citrinellus*		*
248			厚唇双冠丽鱼	*Amphilophus labiatus*	+	*
249			粉红副尼丽鱼	*Vieja melanurus*	+	*
250			图丽鱼	*Astronotus ocellatus*	+	*
251			匠丽体鱼	*Herichthys carpintis*	+	*
252			灿丽鱼	*Petenia splendida*		*
253			克氏卡奎丽鱼	*Caquetaia kraussii*	+	*

序号	目	科	种类	拉丁名	南渡江	备注
254	鲈形目	篮子鱼科	褐篮子鱼	*Siganus fuscescens*	+	
255			黄斑篮子鱼	*Siganus canaliculatus*	+	
256			点篮子鱼	*Siganus guttatus*	+	
257		攀鲈科	攀鲈	*Anabas testudineus*	+	
258		斗鱼科	香港斗鱼	*Macropodus hongkongensis*		
259			叉尾斗鱼	*Macropodus opercularis*	+	
260		鳢科	斑鳢	*Channa maculata*	+	
261			南鳢	*Channa gachua*	+	
262			月鳢	*Channa asiatica*	+	
263		鮨科	弯角鮨	*Callionymus curvicornis*	+	
264		鲬科	鲬	*Platycephalus indicus*	+	
265		鲉科	红鳍拟鳞鲉	*Paracentropogon rubripinnis*	+	
266			粗蜂鲉	*Vespicula trachinoides*	+	
267		溪鳢科	溪鳢	*Rhyacichthys aspro*		
268		沙塘鳢科	海南新沙塘鳢	*Neodontobutis hainanensis*		
269			海南细齿鲴	*Mircodous chalmersi*		
270	虾虎鱼目	塘鳢科	黄鳍棘鳃塘鳢	*Belobranchus segura*		
271			中华乌塘鳢	*Bostrychus sinensis*	+	
272			侧带丘塘鳢	*Bunaka gyrinoides*		
273			云斑尖塘鳢	*Oxyeleotris marmorata*	+	*
274			尖头塘鳢	*Eleotris oxycephala*	+	
275			黑体塘鳢	*Eleotris melanosoma*	+	
276			褐塘鳢	*Eleotris fusca*	+	
277			伍氏塘鳢	*Eleotris wuhanlini*	+	
278			珍珠塘鳢	*Giuris margaritacea*		
279			似鲤黄黝鱼	*Hypseleotris cyprinoides*		
280			安汶脊塘鳢	*Butis amboinensis*		
281			嵴塘鳢	*Butis butis*	+	
282			锯嵴塘鳢	*Butis koilomatodon*	+	
283		背眼虾虎鱼科	拉氏狼牙虾虎鱼	*Odontamblyopus rubicundus*	+	
284			鳗形鳗虾虎鱼	*Taenioides anguillaris*	+	
285			须鳗虾虎鱼	*Taenioides cirratus*	+	
286			无鳞头虾虎鱼	*Caragobius urolepis*	+	

序号	目	科	种类	拉丁名	南渡江	备注
287			孔虾虎鱼	*Trypauchen vagina*	+	
288			小头栉孔虾虎鱼	*Ctenotrypauchen microcephalus*	+	
289			长丝犁突虾虎鱼	*Myersina filifer*	+	
290			纹缟虾虎鱼	*Tridentiger trigonocephalus*	+	
291			髭缟虾虎鱼	*Tridentiger barbatus*	+	
292			双带缟虾虎鱼	*Tridentiger bifasciatus*	+	
293			阿部鲻虾虎鱼	*Mugilogobius abei*	+	
294			诸氏鲻虾虎鱼	*Mugilogobius chulae*		
295			爪哇拟虾虎鱼	*Pseudogobius javanicus*	+	
296			矛尾虾虎鱼	*Chaeturichthys stigmatias*	+	
297			黑首阿胡虾虎鱼	*Awaous melanocephalus*	+	
298			睛斑阿胡虾虎鱼	*Awaous ocellaris*	+	
299			项鳞沟虾虎鱼	*Oxyurichthys auchenolepis*	+	
300			小鳞沟虾虎鱼	*Oxyurichthys microlepis*	+	
301			眼瓣沟虾虎鱼	*Oxyurichthys ophthalmonema*	+	
302			眼带狭虾虎鱼	*Stenogobius ophthalmoporus*	+	
303	虾虎鱼目	背眼虾虎鱼科	尖鳍寡鳞虾虎鱼	*Oligolepis acutipinnis*	+	
304			真吻虾虎鱼	*Rhinogobius similis*	+	
305			溪吻虾虎鱼	*Rhinogobius duospilus*	+	
306			李氏吻虾虎鱼	*Rhinogobius leavelli*	+	
307			万泉河吻虾虎鱼	*Rhinogobius wanchuagensis*		★
308			昌江吻虾虎鱼	*Rhinogobius changjiangensis*		★
309			陵水吻虾虎鱼	*Rhinogobius lingshuiensis*		★
310			三更罗吻虾虎鱼	*Rhinogobius sangenloensis*		★
311			南渡江吻虾虎鱼	*Rhinogobius nandujiangensis*	+	★
312			多鳞枝牙虾虎鱼	*Stiphodon multisquamus*	+	★
313			黑鳍枝牙虾虎鱼	*Stiphodon percnopterygionus*		
314			紫身枝牙虾虎鱼	*Stiphodon atropurpureus*		
315			巴拉望枝牙虾虎鱼	*Stiphodon palawanensis*		
316			诸神岛枝牙虾虎鱼	*Stiphodon niraikanaiensis*		
317			明仁枝牙虾虎鱼	*Stiphodon imperiorientis*		
318			宽颊瓢鳍虾虎鱼	*Sicyopterus macrostetholepis*		
319			兔头瓢鳍虾虎鱼	*Sicyopterus lagocephalu*		
320			长丝瓢鳍虾虎鱼	*Sicyopterus longifili*		

序号	目	科	种类	拉丁名	南渡江	备注
321			布氏道津虾虎鱼	*Dotsugobius bleekeri*		
322			马都拉叉牙虾虎鱼	*Apocryptodon madurensis*		
323			蜥形副平牙虾虎鱼	*Parapocryptes serperaster*		
324			花斑副平牙虾虎鱼	*Parapocryptes maculafus*		
325			多鳞伍氏虾虎鱼	*Wuhanlinigobius polylepis*		
326			厚身半虾虎鱼	*Hemigobius hoevenii*		
327		背眼虾虎鱼科	斜纹半虾虎鱼	*Hemigobius hoevenii*		
328			拜库雷虾虎鱼	*Redigobius bikolanus*		
329			环带瓢眼虾虎鱼	*Sicyopus zosterophorum*		
330			青弹涂鱼	*Scartelaos histophorus*	+	
331			大弹涂鱼	*Boleophthalmus pectinirostris*	+	
332			银线弹涂鱼	*Periophthalmus argentilineatus*		
333			大鳍弹涂鱼	*Periophthalmus magnuspinnatus*		
334			弹涂鱼	*Periophthalmus modestus*	+	
335			大口髯虾虎鱼	*Gobiopsis macrostoma*	+	
336			大鳞鳍虾虎鱼	*Gobiopterus macrolepis*		
337	虾虎鱼目		金黄舌虾虎鱼	*Glossogobius aureus*	+	
338			双须舌虾虎鱼	*Glossogobius bicirrhosus*	+	
339			西里伯舌虾虎鱼	*Glossogobius celebius*	+	
340			舌虾虎鱼	*Glossogobius giuris*	+	
341			斑纹舌虾虎鱼	*Glossogobius olivaceus*	+	
342			多须拟矛尾虾虎鱼	*Parachaeturichthys polynema*	+	
343			双斑砂虾虎鱼	*Psammogobius biocellatus*	+	
344		虾虎鱼科	云斑裸颊虾虎鱼	*Yongeichthys criniger*	+	
345			纵带鹦虾虎鱼	*Exyrias puntang*		
346			裸项蜂巢虾虎鱼	*Favonigobius gymnauchen*	+	
347			雷氏蜂巢虾虎鱼	*Favonigobius reichei*	+	
348			三角捷虾虎鱼	*Drombus triangularis*	+	
349			浅色项冠虾虎鱼	*Cristatogobiusnonatoae*		
350			绿斑细棘虾虎鱼	*Acentrogobius chlorostigmatoides*	+	
351			青斑细棘虾虎鱼	*Acentrogobius viridipunctatus*	+	
352			犬牙缰虾虎鱼	*Amoya caninus*	+	
353			短吻缰虾虎鱼	*Amoya brevirostris*	+	
354			马达拉斯缰虾虎鱼	*Amoya madraspatensis*	+	

序号	目	科	种类	拉丁名	南渡江	备注
355	鲽形目	牙鲆科	中华花鲆	*Tephrinectes sinensis*	+	
356			马来斑鲆	*Pseudorhombus malayanus*	+	
357			南海斑鲆	*Pseudorhombus neglectus*	+	
358			五点斑鲆	*Pseudorhombus quinquocellatus*		
359		鲽科	冠鲽	*Samaris cristatus*		
360		鳎科	卵鳎	*Solea ovata*	+	
361			东方箬鳎	*Brachirus orientalis*	+	
362			带纹条鳎	*Zebrias zebra*	+	
363			豹鳎	*Pardachirus pavoninus*	+	
364		舌鳎科	斑头舌鳎	*Cynoglossus puncticeps*	+	
365			巨鳞舌鳎	*Cynoglossus macrolepidotus*		
366			三线舌鳎	*Cynoglossus trigrammus*		
367			线纹舌鳎	*Cynoglossus lineolatus*		
368			短吻红舌鳎	*Cynoglossus joyneri*	+	
369			长钩须鳎	*Paraplagusia bilineata*	+	
370			日本须鳎	*Paraplagusia japonica*	+	
371	鲀形目	四齿鲀科	拟三棘鲀	*Triacanthodes anomalus*	+	
372			纹腹叉鼻鲀	*Arothron hispidus*	+	
373			无斑叉鼻鲀	*Arothron immaculatus*	+	
374			凹鼻鲀	*Chelonodon patoca*	+	
375			星点多纪鲀	*Takifugu niphobles*	+	
376			横纹多纪鲀	*Takifugu oblongus*	+	
377			弓斑多纪鲀	*Takifugu ocellatus*	+	

注："+"为分布；"☉"为记录分布；"★"为海南特有鱼类；"*"为外来鱼类。

附录2 南渡江野外分布的其他鱼类

商品名：锦鲤(改良种)

Cyprinus rubrofuscus

商品名：彩鲫(改良种)

Carassius auratus

商品名：红罗飞(杂交种)

Oreochromis mossambicus × *Oreochromis niloticus*

商品名：奥尼罗非鱼(杂交种)

Oreochromis niloticus × *Oreochromis aureus*

商品名：血鹦鹉(杂交种)

Amphilophus labiatus × *Vieja melanurus*

商品名：杂交鳢(杂交种)

Channa argus × *Channa maculata*

商品名：火焰(存疑种)

商品名：村八(存疑种)

主编简介

申志新，男，1964年生，研究员。长期从事渔业管理、水产养殖技术研究与推广、淡水鱼类及水生生物保护基础研究。曾任青海省水产局副局长、青海省渔业环境监测站（省水产技术推广中心）站长、海南省海洋与渔业科学院淡水渔业研究所所长。先后荣获青海省自然科学与工程技术学科带头人、海南省领军人才、青海省"五一劳动奖章"等称号。著有《万泉河流域鱼类图鉴》《海南淡水及河口鱼类图鉴》等专著。

2017年起投身海南淡水生物及生态环境保护研究工作。组建了海南省淡水水生生物保护及可持续利用研究团队，构建了淡水水生生物保护及渔业资源环境技术研究框架和生态环境监测长效机制，常态化开展两江一河鱼类及生态环境监测，摸清海南"两江一河"淡水及河口鱼类资源本底和淡水渔业资源环境现状，填补了海南淡水生物及资源环境系统性研究的空白，完成了"五库合一"的海南淡水及河口鱼类种质基因库的构建。

图书在版编目（CIP）数据

南渡江淡水及河口鱼类图鉴 / 申志新主编. -- 北京：
中国农业出版社，2025.5. -- ISBN 978-7-109-33135-8

Ⅰ.S922.66-64

中国国家版本馆CIP数据核字第2025GR2103号

南渡江淡水及河口鱼类图鉴
NANDUJIANG DANSHUI JI HEKOU YULEI TUJIAN

中国农业出版社出版

地址：北京市朝阳区麦子店街18号楼

邮编：100125

责任编辑：杨晓改　李文文

版式设计：王　晨　　责任校对：吴丽婷　　责任印制：王　宏

印刷：北京中科印刷有限公司

版次：2025年5月第1版

印次：2025年5月北京第1次印刷

发行：新华书店北京发行所

开本：880mm×1230mm　1/16

印张：20

字数：633千字

定价：268.00元